Springer Wien New York

Rafic Kuzbari
Reinhard Ammer

Der wissenschaftliche Vortrag

SpringerWienNewYork

Univ.-Doz. Dr. Rafic Kuzbari
Wilhelminenspital, Wien, Österreich

Prof. Dr. Reinhard Ammer, MA, MBA, DBA
Akademie für Medizin und Management, Wien, Österreich

SpringerWienNewYork ist ein Unternehmen
von Springer Science + Business Media
springer.at

Satz: Composition & Design Services, Minsk, Weißrussland
Druck und Bindung: Holzhausen Druck & Medien GmbH, 1140 Wien,
Österreich

Gedruckt auf säurefreiem, chlorfrei gebleichtem Papier – TCF
SPIN: 11335917

Mit 55 zum Teil farbigen Abbildungen

Bibliographische Information Der Deutschen Bibliothek
Die Deutsche Bibliothek verzeichnet diese Publikation in der Deutschen
Nationalbibliografie; detaillierte bibliografische Daten sind im Internet
über <http://dnb.ddb.de> abrufbar.

ISBN-10   3-211-23525-6 SpringerWienNewYork
ISBN-13   978-3-211-23525-6 SpringerWienNewYork

Vorwort

Der wissenschaftliche Vortrag ist zu jeder Zeit für den betreffenden Vortragenden eine Herausforderung.

- Eine komplexe, oft trockene Information muss in kurzer Zeit einem Fachpublikum auf eine interessante Art und Weise und mit fundierter Argumentation vermittelt werden.

- Bilder und Diagramme mit vielschichtigen Inhalten müssen verständlich vorbereitet und erklärt werden.

- Die meist knapp bemessene Redezeit muss unbedingt eingehalten werden.

- In der Diskussion muss sich der Vortragende den kritischen Stellungnahmen und Fragen der Zuhörer stellen.

Das vorliegende Buch beschreibt, wie all diese Aufgaben erfolgreich bewältigt werden können.

Unser Ziel ist nicht das Schreiben eines wissenschaftlichen Lehrbuches. Vielmehr wollen wir eine praxisorientierte Anleitung bieten, die es den Lesern ermöglicht, wesentliche Hinweise für die Planung, Vorbereitung und Gestaltung wissenschaftlicher Vorträge in prägnanter Form vorzufinden. Wir haben daher große Ausflüge in die rhetorische Theorie vermieden.

Das Buch wendet sich einerseits an junge Wissenschaftlerinnen und Wissenschaftler, die zum ersten Mal die Gelegenheit geboten bekommen, vor einem kleineren oder größeren Publikum aufzutreten. Andererseits wird auch für jene Wissenschaftler, die oftmals vorgetragen haben, der eine oder andere Hinweis wertvoll sein. Sei es, dass darin eine Bestätigung ihrer bisherigen Vortragsgestaltung gefunden wird oder eine neue Anregung enthalten ist, die es lohnen könnte, diese beim nächsten Vortrag selbst einmal umzusetzen.

Wir wünschen allen Benützerinnen und Benützern des Buches viel Erfolg bei der Anwendung in ihrem nächsten wissenschaftlichen Vortrag.

An dieser Stelle ist es uns ein Bedürfnis, dem Springer-Verlag und
insbesondere Frau Mag. Renate Eichhorn für ihre Anregungen,
Aufmunterungen und Geduld zu danken, ohne die diese Idee
nicht hätte realisiert werden können. Unser Dank gilt auch Herrn
Josef Hicker für die Formatierung der Buchabbildungen und die
Hilfestellung bei der Datenverarbeitung.

Wien, im Dezember 2005   R. Kuzbari
                                                          R. Ammer

Die Autoren sind für Hinweise und Anregungen dankbar. Sie können unter folgenden Anschriften erreicht werden:

Univ.-Doz. Dr. Rafic KUZBARI
<rafic.kuzbari@wienkav.at>

Prof. Dr. Reinhard AMMER
<office@medizinundmanagement.at>

Inhaltsverzeichnis

Kapitel 1
Merkmale des wissenschaftlichen Vortrages

1.1 Definition

Der wissenschaftliche Vortrag wird durch dessen Inhalt definiert. **Eine Information, bei deren Gewinnung oder Auswertung wissenschaftliche Methoden angewandt wurden, wird einem Publikum mündlich mitgeteilt.** Diese Information kann neue Forschungsergebnisse, eine neue Methode oder eine Kasuistik betreffen.

1.2 Besonderheiten

Der wissenschaftliche Vortrag unterscheidet sich durch einige formale Besonderheiten von anderen Formen der Rede.

- Der Vortrag wird meist im Rahmen einer **wissenschaftlichen Tagung** gehalten.

- Die Tagung ist oft in **Sitzungen** aufgeteilt. Jede Sitzung wird von einem Vorsitzenden geleitet.

- Der **Vorsitzende oder Sitzungsleiter** ist üblicherweise ein Fachmann auf dem in der Sitzung behandelten Gebiet. Er ruft die Vortragenden auf, leitet die Diskussion und ist für die Einhaltung des Zeitplans und den reibungslosen Verlauf der Sitzung verantwortlich.

- Die Dauer des Vortrages ist von vornherein festgelegt. Die **Redezeit** wird vom Veranstalter entweder vorgeschrieben oder persönlich mit dem Vortragenden vereinbart. Auf Tagungen wird aus organisatorischen Gründen auf die Einhaltung der Redezeit besonders geachtet.

- Der Einsatz von **visuellen Hilfsmitteln** ist bei wissenschaftlichen Vorträgen nahezu unverzichtbar. Bilder sind wichtig für die Visualisierung von Daten und die Erklärung komplexer

Inhalte. Projektoren und Flipcharts werden daher in den aller-
meisten Vortragssälen bereitgestellt.

– Die **Diskussion** ist ein integraler Bestandteil des wissen-
  schaftlichen Vortrages. Sie erlaubt die Interaktion zwischen
  dem Vortragenden und dem Publikum, gibt den Hörern die
  Gelegenheit, Verständnisfragen zu stellen und kritisch zum
  Inhalt des Vortrages Stellung zu nehmen. Dadurch kann der
  Vortrag von der Gesamtheit der Hörer besser evaluiert werden,
  und der Vortragende erhält ein wertvolles Feedback über seine
  Arbeit und die Nachvollziehbarkeit seiner Argumentation.

1.3 Funktion

Die primäre Funktion des wissenschaftlichen Vortrages ist **die
klare und unmissverständliche Mitteilung einer wissenschaftlichen Information** an das Publikum. Die Unterhaltung oder gar
Blendung des Hörers stehen bei dieser Form der Rede keinesfalls
im Vordergrund. Die beim Vortragen zwangsläufig angewandten
Techniken der Rhetorik sind nicht manipulativ, sondern dienen
der verbesserten Aufnahme des Inhaltes durch den Hörer.

Neben der Information des Publikums erfüllt der wissenschaftliche Vortrag auch andere Funktionen. Er kann dem Vortragenden
fachliche Anerkennung, **Vorteile für die Karriere** oder **Forschungs-
förderungsmittel** einbringen. Solche Erwartungen an einen Vortrag
zu knüpfen, ist nur dann legitim, wenn die Mitteilung des wissenschaftlichen Inhaltes nicht darunter leidet.

Die Unsitte, unlesbare Tabellen, abstruse Grafiken und sinn-
los bunte Bilder zu zeigen, um die Zuhörer durch die scheinbare
Komplexität des Inhaltes zu beeindrucken, ist abzulehnen. Mit
dieser vordergründigen Vorgehensweise wird oft das Gegenteil
vom Beabsichtigten erreicht. Der Vortragende verliert die Aufmerksamkeit und letztendlich die Sympathie der Zuhörer, die nicht in
der Lage sind, seinen Ausführungen zu folgen.

Wenn Sie als Vortragender bei einer wissenschaftlichen Tagung einen guten Eindruck hinterlassen wollen, dann halten Sie einen klaren und mitreißenden Vortrag, zeigen ausgeklügelt gestaltete Bilder
und beweisen in der anschließenden Diskussion Sachlichkeit und
Kompetenz. Wie Sie das erreichen, wird in den folgenden Kapiteln
dieses Buches erläutert.

1.4 Unterschied zwischen Vortrag und Publikation

> **Der Vortrag und die Publikation erfüllen verschiedene Funktionen.**

Eine wissenschaftliche Publikation erlaubt die kritische Prüfung der darin enthaltenen Information. Diese ist schwarz auf weiß festgehalten und kann jederzeit und in aller Ruhe nachgeschlagen werden. Die Methoden und Ergebnisse einer Studie werden so detailliert beschrieben, dass andere Wissenschaftler die Arbeit genau nachvollziehen, sogar wiederholen können. Durch das Studium der zitierten Literatur kann der Leser den Stellenwert der Arbeit im Lichte des bisher Bekannten beurteilen. Zusätzlich weiß der Leser einer angesehenen wissenschaftlichen Zeitschrift, dass jeder Artikel vor dessen Drucklegung einer kritischen Prüfung durch Fachleute auf dem jeweiligen Gebiet („peer review") unterzogen wurde.

Der wissenschaftliche Vortrag ist hingegen ein vergängliches Ereignis und ersetzt niemals eine Publikation. Das Gesagte wird meist nicht aufgezeichnet und lebt nur kurz in der Erinnerung der Zuhörer weiter. Diese haben abgesehen von einem meist knapp gehaltenen Vortragsabstrakt keine Möglichkeit, die präsentierten Daten genau zu studieren oder die angegebene Hintergrundinformation zu prüfen. Die Ausführungen des Vortragenden unterliegen auch keinem „peer review" und können bestenfalls während der Diskussionsphase kritisch durchleuchtet werden.

> Ist der wissenschaftliche Vortrag also nur Schall und Rauch? – Nein, denn er weist gegenüber der Publikation einige **Vorteile** auf.

- **Der Vortrag ist ein wirksames Mittel, um auf eine bevorstehende oder bereits erschienene Publikation aufmerksam zu machen.** Im Vortragssaal sitzen gewöhnlich Menschen, die am Thema interessiert sind. Der Vortragende hat die Möglichkeit, diese Zielgruppe direkt anzusprechen und auf seine Arbeit hinzuweisen.

- **Die vorgetragene Information ist topaktuell.** Der Vortragende kann über den allerneuesten Stand seiner Forschungsergebnisse berichten, während die publizierte Information erst mehrere Monate nach dem Einreichen des Manuskriptes erscheint.

– **Der Vortragende hat auch wesentlich mehr Möglichkeiten,
   seine Daten zu veranschaulichen,** als der Autor eines wissenschaftlichen Artikels. Es stehen ihm vom Flipchart bis
   zur Videoprojektion mehrere audiovisuelle Hilfsmittel zur
   Verfügung. Er kann, soweit es der zeitliche Rahmen erlaubt,
   jede für das Verständnis des Inhaltes erforderliche Anzahl an farbigen Diagrammen und Bildern zeigen. In einer Publikation hingegen werden die Anzahl der Abbildungen und die Verwendung
   von Farben aus Kostengründen beschränkt.

– Der Vortrag bietet außerdem während der Diskussionsphase
   den **Vorteil der direkten Kommunikation zwischen dem
   Vortragenden und dem Publikum.** Der Vortragende bekommt
   dadurch die Gelegenheit, Missverständnisse aufzuklären, und
   kann von den Zuhörern auf etwaige neue Aspekte oder
   Schwächen seiner Arbeit aufmerksam gemacht werden.

> Der Vortrag unterscheidet sich von der Publikation in den zur
> Informationsvermittlung **verwendeten stilistischen Mitteln.**

– Inhalte werden nicht durch einen neuen Absatz, unterschied-
   liche Schriftarten, Unterstreichungen usw., sondern durch
   Modulation der Stimme, Pausen, Gestik, Redundanz und den
   Einsatz von visuellen Hilfsmitteln hervorgehoben.

– Die Sprache ist im Vortrag eine einfachere, die Sätze sind kürzer, und es werden mehr Zeitwörter verwendet.

– Die Gestaltung der visuellen Hilfsmittel ist einfacher und prägnanter.

Die **Beherrschung dieser rhetorischen Mittel** ist von überragender Bedeutung, weil der Vortragende während der gesamt-
en Vortragsdauer die Aufmerksamkeit des Publikums auf seine
Ausführungen lenken muss. Wenn die Gedanken des Hörers aufgrund von redetechnischen Mängeln des Vortragenden abschweifen, kann das Versäumte nicht zu einem späteren Zeitpunkt nach-
geholt werden.

1.5 Bedeutung des Vortrages für den Wissenschaftler

Der Vortrag ist also neben der schriftlichen Publikation **ein wichtiges Instrument der wissenschaftlichen Mitteilung.**

Die Leistung von Universitäten und anderen wissenschaftlichen Institutionen wird nicht nur an der Anzahl der Publikationen gemessen, sondern auch an der Vortragstätigkeit der Mitarbeiter auf wichtigen Tagungen. So wird früher oder später jeder Wissenschaftler angehalten, seine Ergebnisse in der Form eines Vortrages zu präsentieren.

Eine erfolgreiche Vortragstätigkeit ist für den Wissenschaftler selbst ebenfalls ein Leistungskriterium. Sie ist eine Art Visitenkarte und wird bei Stellenbewerbungen und Habilitationen für die Beurteilung der wissenschaftlichen und didaktischen Fähigkeiten herangezogen. Sie ist daher für den beruflichen Werdegang von eminenter Bedeutung. So mancher erfolgreiche Wissenschaftler hat erstmals mit einem gelungenen Vortrag auf sich aufmerksam gemacht. Bedauerlicherweise wird diesem Umstand im akademischen Curriculum kaum Rechnung getragen.

Wenn auch ein guter Vortrag viele Vorteile für den Vortragenden bringt, ein schlechter Vortrag bringt ihm erhebliche Nachteile. Wenn der Vortrag ungenügend vorbereitet und die visuellen Hilfsmittel unausgereift sind, hinterlässt er einen schlechten Eindruck. Die Zuhörer fühlen sich nicht ernst genommen, verlieren rasch das Interesse an den Ausführungen des Vortragenden und begegnen ihm mit Abneigung. Schließlich haben sie weder Kosten noch Reisestrapazen gescheut, um an der Tagung teilzunehmen, in der Erwartung von informativen und gut vorbereiteten Vorträgen.

Es spricht also viel dafür, das Handwerk des Vortragens zu erlernen. Das Sprechen in der Öffentlichkeit liegt aber nicht jedem. Während manche Menschen das Vortragen genießen, ruft bei anderen Menschen der bloße Gedanke daran das Gefühl von Unwohlsein hervor. Die Fähigkeit vorzutragen ist aber nicht genetisch vorgegeben und erfordert kein Talent. Sie ist ein Handwerk, das durch die Beachtung einiger weniger Richtlinien und durch Übung erlernt werden kann. Viele brillante, auch öffentlichkeitsscheue Wissenschaftler haben dieses Handwerk beherrscht, und es hat ihren Mythos mitbegründet.

1.6 Arten von Vorträgen und wissenschaftlichen Veranstaltungen

Entsprechend ihrer Funktion und den organisatorischen Rahmenbedingungen können verschiedene Formen von Vorträgen und wissenschaftlichen Veranstaltungen unterschieden werden.

1.6.1 Wissenschaftliche Vorträge

Es gibt verschiedene Möglichkeiten, wissenschaftliche Vorträge einzuteilen. Am zweckmäßigsten ist die Einteilung in Kurzvortrag und Hauptvortrag. Die zwei Vortragsarten dauern unterschiedlich lang, unterliegen verschiedenen Rahmenbedingungen und haben einen unterschiedlichen Aufbau (siehe Kapitel 5).

1.6.1.1 Der Kurzvortrag

Der Kurzvortrag dauert 3 bis 15 Minuten und ist typischerweise von einer am Ende des Vortrages oder am Ende der Sitzung stattfindenden Diskussion gefolgt. Er ist bei den naturwissenschaftlichen und medizinischen Tagungen die am weitesten verbreitete Vortragsform.

Der Kurzvortrag wird meist durch Einreichung eines Abstraktes beim Tagungsveranstalter angemeldet. Er dient vor allem der Vermittlung von Information über ein begrenztes Fachgebiet oder eine spezifisch eingegrenzte Fragestellung.

Die Problematik dieser Vortragsform liegt vor allem in der **Kürze der zur Verfügung stehenden Zeit** (im ungünstigsten Fall 3 Minuten). Während dieser Zeit muss ein meist komplexer wissenschaftlicher Inhalt klar und unmissverständlich behandelt werden. Typischerweise müssen die Fragestellung, die angewandte Methode und ihre Tauglichkeit, die Ergebnisse und ihr Stellenwert im Lichte des bisher Bekannten dargelegt werden.

Es zählt daher jede Sekunde. Sie müssen den Inhalt auf das Wesentliche einschränken, Überflüssiges auslassen. Jedes Wort muss sitzen, jedes Bild sorgfältig ausgesucht und gestaltet sein.

Eine weitere Problematik ist die **große Anzahl von Vorträgen pro Sitzung**.

Bei Sitzungen über „freie Themen" können auch die Inhalte der einzelnen Vorträge thematisch sehr verschieden sein. Die Zuhörer müssen sich immer wieder gedanklich auf ein neues Thema einstellen. Ihre Aufnahmefähigkeit wird dadurch strapaziert. Eine solche Sitzung ist vergleichbar mit einem Werbeblock im Rundfunk. Wie Firmen mit verschiedenen Produkten, wetteifern Vortragende mit verschiedenen Themen um die Aufmerksamkeit der Zuhörer.

– Sie müssen daher genau wissen, was Ihre Botschaft ist und wie Sie diese richtig mitteilen.

– Sie müssen den Inhalt Ihres Vortrages so gestalten, dass ihn auch der Zuhörer, der bei einer Sitzung mit einer Fülle von Informationen überflutet ist, aufnehmen kann.

– Sie müssen bemüht sein, die Aufmerksamkeit der Zuhörer zu gewinnen und bis zum Schluss Ihrer Ausführungen zu behalten.

Die Kunst beim Kurzvortrag liegt darin, die Zeit optimal auszunützen und die Zuhörer zu fesseln.

1.6.1.2 Der Hauptvortrag

Der Hauptvortrag wird auch Standardvortrag genannt und dauert etwa 20 bis 50 Minuten. Im Anschluss daran folgt meist eine längere Diskussion.

Der Hauptvortrag wird meist aufgrund einer persönlichen Einladung durch den Veranstalter gehalten. Der Hauptvortrag kann ein Übersichtsvortrag auf einer Tagung, ein Einzelvortrag im Rahmen der Sitzung einer wissenschaftlichen Gesellschaft, ein Kolloquiumsvortrag oder ein Vorstellungsvortrag anlässlich einer Bewerbung um eine wissenschaftliche Position sein.

Das Thema ist meist weniger eng begrenzt als beim Kurzvortrag. Die Zuhörer können absolute Fachleute oder aber auch ein Gemisch von verschiedenen Fachgruppen sein. Die vorgegebene Zeit reicht aber meist aus, um alle Zuhörer in das Thema einzuführen.

Ein langer Hauptvortrag kann die Aufmerksamkeit der Zuhörer überfordern. Sie sollten daher versuchen, die Vortragsdauer auf maximal 45 Minuten zu begrenzen und die eventuell verbliebene Zeit für eine längere Diskussionsphase zu nützen.

Manche Redner meinen, dass die Zuhörer, die sich während des Vortrages im abgedunkelten Saal befinden, gefangen sind und daher gezwungen sind, ihnen zuzuhören. Das ist aber nicht so! Die Zuhörer sind zwar körperlich anwesend, können aber, bei fehlendem Interesse, geistig abschalten, mit dem Sitznachbarn reden, das Programm studieren oder gar ein Schläfchen einlegen.

Die Kunst beim Hauptvortrag liegt darin, nicht zu langweilen.

1.6.2 Wissenschaftliche Veranstaltungen

Es gibt eine große Zahl von Bezeichnungen für diverse Arten von Veranstaltungen. Es werden im Folgenden nur die wesentlichen Aspekte jener Veranstaltungsformen, die im wissenschaftlichen Bereich häufig anzutreffen sind, dargestellt.

- Tagung (Jahrestagung, Kongress)
- Symposium (Symposion)
- Wissenschaftliche Sitzung (Arbeitsgruppensitzung, Fachgruppentagung)
- Vortragsveranstaltung (Vortragsreihe)
- Kolloquium
- Fachvortrag
- Podiumsdiskussion
- Workshop (Werkstattseminar)
- Fallpräsentation („Case study")

Diese verschiedenen Veranstaltungsformen sind nicht immer klar voneinander abgegrenzt, und viele Veranstalter halten sich nicht an die klassische Nomenklatur. Im Zweifelsfall ist es daher ratsam, sich zu erkundigen, was der Veranstalter eigentlich mit der Bezeichnung der Tagung meint; ist mit dem angekündigten Workshop tatsächlich ein Werkstattseminar gemeint oder handelt es sich um eine Vortragsveranstaltung?

1.6.2.1 Tagung (Jahrestagung, Kongress)

1.6.2.1.1 Definition

Eine wissenschaftliche Tagung ist eine auf einen kleineren oder größeren thematischen Bereich fokussierte öffentliche Veranstaltung, die in erster Linie dem wissenschaftlichen Erfahrungsaustausch dient. Diese Veranstaltungsform besuchen nicht selten einige tausend Teilnehmer.

1.6.2.1.2 Ziele

Die Ziele einer derartigen Großveranstaltung sind der wissenschaftliche Informations- und Erfahrungsaustausch, die Wahrnehmung von wissenschaftlichen Kontakten, die formelle und informelle Kommunikation mit ausgewählten anderen Teilnehmern sowie die offizielle Präsenz der Institution, der man angehört.

Meist steht eine Tagung unter einem Generalmotto, das eine gewisse gesellschafts- oder fachpolitische Bedeutung hat.

1.6.2.2 Symposium (Symposion)

1.6.2.2.1 Definition

Ein Symposium ist eine wissenschaftliche Veranstaltung, in der ein fachlich eingeschränkter Aspekt wissenschaftlich bearbeitet werden soll. Das Symposium wird daher für eine kleinere Anzahl von Teilnehmern geplant als eine wissenschaftliche Tagung (Kongress). Ein Symposium wird in erster Linie von einem wissenschaftlichen Publikum besucht, das facheinschlägig ausgebildet und erfahren ist. Die Teilnehmerzahl ist meist deutlich geringer als bei einem Kongress.

1.6.2.2.2 Ziele

Die Ziele eines Symposiums sind der facheinschlägige Informations- und Erfahrungsaustausch, die Wahrnehmung von wissenschaftlichen Kontakten auf dem fokussierten Fachgebiet, die formelle und informelle Kommunikation mit ausgewählten anderen Teilnehmern sowie die offizielle Präsenz der Institution, der man angehört.

1.6.2.3 Wissenschaftliche Sitzung (Arbeitsgruppensitzung, Fachgruppentagung)

1.6.2.3.1 Definition

Eine wissenschaftliche Sitzung ist eine auf einen definierten Fachbereich fokussierte, meist nicht-öffentliche Veranstaltung, die in erster Linie dem wissenschaftlichen Erfahrungsaustausch sowie der Vorstellung neuer wissenschaftlicher Erkenntnisse im kleinen Kreis dient. Zu dieser Veranstaltung werden nur vorher exakt definierte Personen eingeladen. Diese sind entweder Mitglied der betreffenden wissenschaftlichen Gesellschaft oder des wissenschaftlichen Gremiums. Man ist sozusagen unter sich, kennt sich seit langer Zeit (ausgenommen erstmals eingeladene Personen). Eine erstmals eingeladene Person wird gebeten, aus ihrem Fachgebiet einen wissenschaftlichen Vortrag zu halten. Derartige Aufgaben treffen vor allem neue Fakultätsmitglieder, neue Mitglieder in Akademien oder wissenschaftlichen Gesellschaften.

Die Vorträge finden vor einem facheinschlägigen Publikum statt.

1.6.2.3.2 Ziele

Ziel einer wissenschaftlichen Sitzung ist nicht nur der Informations-
und Erfahrungsaustausch, sondern die Wahrnehmung der formellen
und informellen Kommunikation mit den anderen ausgewählten
Personen. Gleichzeitig werden auch bei solchen Sitzungen organisatorische Fragen erörtert. Diese sind durch Statuten und Satzungen
mehr oder weniger klar vorgegeben.

1.6.2.4 Vortragsveranstaltung (Vortragsreihe)

1.6.2.4.1 Definition

Eine wissenschaftliche Vortragsveranstaltung ist eine auf einen definierten thematischen Bereich fokussierte öffentliche Veranstaltung.
Diese Veranstaltungsform wird je nach Ankündigung von einigen wenigen (zum Beispiel 20 Personen einer Abteilung) bis hin
zu 150 Teilnehmern bei öffentlich angekündigten Terminen besucht. Wenn bei einer großen Anzahl von Teilnehmern entsprechende Räumlichkeiten nicht zur Verfügung stehen, kann eine
Teilnahmebeschränkung ausgesprochen und angekündigt werden.

1.6.2.4.2 Ziele

Ziel einer wissenschaftlichen Vortragsveranstaltung ist der wissenschaftliche Erfahrungsaustausch sowie die Wissens- und Erfah-
rungsvermittlung. Die Wahrnehmung von wissenschaftlichen Kontakten sowie die formelle und informelle Kommunikation mit
ausgewählten Teilnehmern sind erwünscht.

1.6.2.4.3 Didaktische Prinzipien

Bei einer Vortragsfolge über einen längeren Zeitraum (zum Beispiel
1 Semester) und durch verschiedene Vortragende haben die gedanklichen Schnittstellen eine hohe Bedeutung. Dafür trägt der Leiter
der Gesamtveranstaltung die Verantwortung. Themen, Vortragende
und zeitliche Rahmenbedingungen müssen während der gesamten
Dauer der Vortragsfolge aufeinander abgestimmt sein.

1.6.2.5 Kolloquium

1.6.2.5.1 Definition

Ein wissenschaftliches Kolloquium (zum Beispiel Habilitations-
kolloquium) ist eine auf einen exakt definierten Bereich fokussier-

te öffentliche Veranstaltung, die in erster Linie der Darstellung des Vortragenden und seines wissenschaftlichen Werkes (oder Teilen davon) vor einem wissenschaftlich kundigen Publikum dient. Die daran anschließende Diskussion ist meist nicht-öffentlich.

1.6.2.5.2 Ziele

Ziel eines derartigen Kolloquiums ist die Präsentation einer wissenschaftlichen Nachwuchspersönlichkeit vor einem definierten Gremium zwecks Evaluierung der wissenschaftlichen Qualifikation und der (hochschul-)didaktischen Fähigkeit.

1.6.2.5.3 Didaktische Prinzipien

Für ein wissenschaftliches Kolloquium gilt es heute mehr als früher, didaktische Prinzipien anzuwenden, die es auch einem zwar wissenschaftlich hoch qualifizierten Zuhörer erlauben, den spezifischen Gedankengängen des Vortragenden zu folgen, obwohl der Zuhörer nicht unmittelbar aus dem detaillierten Forschungsgebiet kommt. Dies ist für viele, gerade junge Wissenschaftler eine scheinbar unlösbare Aufgabe, die trotzdem bewältigt werden muss. Es hängen immerhin weitere Schritte in der persönlichen wissenschaftlichen Entwicklung von derartigen Kolloquien ab. In den Kapiteln 4 und 5 dieses Buches wird geschildert, wie ein Vortrag trotz hohen wissenschaftlichen Niveaus verständlich gestaltet werden kann.

1.6.2.6 Fachvortrag

1.6.2.6.1 Definition

Ein wissenschaftlicher Fachvortrag ist eine auf einen kleineren oder größeren thematischen Bereich fokussierte öffentliche Veranstaltung, die in erster Linie der Information der anwesenden Teilnehmer dient. Die Anzahl der Teilnehmer bei dieser Vortragsform ist sehr unterschiedlich.

1.6.2.6.2 Ziele

Das Ziel eines wissenschaftlichen Fachvortrags ist die Mitteilung einer wissenschaftlichen Information an das Publikum.

1.6.2.7 Podiumsdiskussion

1.6.2.7.1 Definition

Eine Podiumsdiskussion ist eine spezielle Form eines „Streit-gesprächs", das sorgfältig vorbereitet ist, nach vereinbarten Spiel-regeln abläuft und zu einem Abschluss führen soll.

1.6.2.7.2 Ziele

Ziel einer derartigen Podiumsdiskussion kann einerseits der Versuch sein, einfach Recht zu bekommen hinsichtlich eines wis-senschaftlichen Standpunktes (Sichtweise), oder andererseits, eine „Wahrheitsfindung" durchzuführen. Manchmal wird in einer derar-tigen Podiumsdiskussion versucht, eine (wissenschaftliche) Position in möglichst stimmiger Weise zu vertreten und durchzusetzen. Öffentlich angekündigte Podiumsdiskussionen werden in aller Regel von so genannten Moderatoren geleitet und gelegentlich über elektro-nische Medien einem größeren Zuhörerkreis zur Verfügung gestellt.

Wissenschaftlich betrachtet wird die Podiumsdiskussion als eine Methode verstanden, die der Wahrheitsfindung durch systema-tische Argumentation und Gegenargumentation dienen soll. Die Zuhörer sollen die Argumentation der Teilnehmer bei der Podiumsdiskussion verstehen, sich ein eigenes Urteil bilden und eine eigene Position bezüglich der kontroversiellen Erkenntnisse gewinnen können.

1.6.2.7.3 Didaktische Prinzipien

Für eine wissenschaftliche Podiumsdiskussion gibt es grundsätz-lich zwei didaktische Prinzipien, zum einen das Lernen durch Analyse von Begründungen und Prämissen bezogen auf eigene und fremde Positionen (argumentierendes Lernen), zum ande-ren das Lernen an dialektisch gegenübergestellten Sachverhalten und/oder Positionen, zwischen denen nach vereinbarten Regeln entschieden wird (dialektisches Lernen). Die Teilnehmer einer Podiumsdiskussion sitzen oder stehen meist erhoben auf einem Podest (Podium), wobei zwischen den verschiedenen Richtungen (wissenschaftlichen Standpunkten) der Moderator sitzt oder steht. Werden Dokumente oder Bilder in die Podiumsdiskussion in-tegriert, so sollte die Projektionsfläche für die Zuhörer und die Teilnehmer der Podiumsdiskussion gut sichtbar sein.

1.6.2.7.4 Aufgaben der Teilnehmer der Podiumsdiskussion

Typische Aufgaben der Teilnehmer sind:

- Ausarbeitung von Standpunkten (Thesen) gegebenenfalls im Rahmen vorgegebener Strukturen,
- Präsentation dieser Thesen,
- Verteidigung der jeweils eigenen Thesen,
- Zurückweisung der jeweils gegenteiligen Thesen,
- Zurückweisen von Argumenten der Teilnehmer, die gegenteiliger Ansicht sind.

1.6.2.7.5 Phasen

Eine strukturierte Podiumsdiskussion läuft in vier Phasen ab.

1) Vorbereitungsphase

In dieser Phase wird festgelegt, wer, wann, wo, mit wem und worüber diskutieren soll. Auch der Moderator (Vorsitzende) wird bestimmt. Welches Publikum eingeladen werden soll und welche Spielregeln gelten sollen, sind weitere Inhalte der ersten Phase.

2) Thesenpräsentationsphase (Rezeptionsphase)

In der zweiten Phase steht die Vorbereitung der Thesen sowie die Entscheidung darüber im Vordergrund, welche Thesen vorgetragen und auf diese Weise der Öffentlichkeit (den Zuhörern) vorgestellt werden.

3) Argumentationsphase (Interaktionsphase)

Zunächst tragen die „Proredner" (so genannte Proponenten) ihre Thesen und erste Argumente vor, dann die „Kontraredner" (so genannte Opponenten). In den nächsten Runden dieser Phase bringt jede Gruppe weitere Argumente ein oder zieht nicht mehr haltbare Argumente zurück. Manchmal muss der Vorsitzende (Moderator) über die Zulässigkeit von Argumenten entscheiden.

4) Bewertungsphase

Die Abschlussphase steht im Zeichen der Evaluierung der vorgetragenen Thesen samt der anschließenden Argumentation. Manchmal kann eine derartige Podiumsdiskussion mit einem Votum abgeschlossen werden. Dabei kommt es gelegentlich zum Einsatz elektronischer Abstimmgeräte.

1.6.2.8 Workshop (Werkstattseminar)

1.6.2.8.1 Definition

In der Erwachsenenbildung, in die dieser Begriff aus dem Bereich der Künste übernommen wurde, versteht man unter Workshop eine Bildungsveranstaltung, die den Charakter eines Schulunterrichtes vermeiden soll. In der letzten Zeit wird dieser Begriff relativ häufig für jene Formen organisierten Lernens verwendet, die vor allem für fortgeschrittene Praktiker (z. B. Ärzte in der Niederlassung) gedacht sind. Qualitätszirkel sind ein Beispiel ebensolcher Lernmodelle im innerbetrieblichen Bereich der Weiterbildung.

1.6.2.8.2 Ziele

Im Rahmen eines Workshops soll vor allem Problemlösungswissen, das zur Entwicklung innovativer Praxis benötigt wird, vermittelt werden. Hierzu gehört auch die Vermittlung neuer, noch wenig bekannter bzw. so genannter ungesicherter Erkenntnisse aus unterschiedlichen Gebieten. Die Zuhörer sollen über entsprechende praktische Erfahrung auf ihren Fachgebieten verfügen und Innovationsbereitschaft zum Workshop mitbringen. Auch jüngere Wissenschaftler können und sollen in Workshops auf jenen Gebieten, auf denen sie bereits Grunderfahrungen und Grundwissen erworben haben, mit einbezogen werden.

Der im Workshop verantwortliche wissenschaftliche Vortragende soll die Teilnehmer am Workshop motivieren, sich auf Basis ihrer bisherigen Erfahrungen und ihres bisherigen Wissens mit neuem Wissen vertraut zu machen und die aktive Bereitschaft zu haben, gemeinsam gefundene und diskutierte Lösungen und Erkenntnisse in ihre Praxis umzusetzen.

1.6.2.8.3 Didaktische Prinzipien

Es gibt drei didaktische Prinzipien eines wissenschaftlichen Workshops. Zum Ersten sollen die Teilnehmer am Workshop lernen, neues Wissen und neue Erfahrungen sowie dessen Struktur und Organisation zu rezipieren. Zum Zweiten sollen die Teilnehmer die Fähigkeit erwerben, im wechselseitigen Erfahrungsaustausch mit gleichgestellten Praktikern zu lernen. Das hierarchische Lernen soll in diesem Zusammenhang praktisch abgebaut werden. Zum Dritten sollen die Teilnehmer Systeme und Prozesse in Zusammenhang mit neuem Wissen oder neuen Erfahrungen in ihrer Praxis umsetzen und dort gegebenenfalls zum Weiterentwickeln ermutigt werden.

Meist werden komplexe und problembezogene Inhalte, die darauf gerichtet sind, innovative Lösungen für aktuelle Probleme der Praxis und Forschung zu finden, in die Workshops eingebracht.

1.6.2.8.4 Aufgaben der Organisatoren

Entweder geben die Veranstalter eines Workshops die Handlungskompetenzen im Workshop vor, oder die Veranstalter (zum Beispiel wissenschaftliche Gesellschaften) erarbeiten mit ausgewählten Personen aus dem Kreis der potenziellen Teilnehmer diese Handlungskompetenzen.

Desgleichen können auf eine dieser beiden Arten die thematischen Inhalte sowie die organisatorische Gestaltung erarbeitet werden.

Kapitel 2
Vortragsmethodik

2.1 Die Formen der Rede

Wenn Menschen zu Zuhörern sprechen und einen wissenschaftlichen Vortrag halten wollen, dann stellen sich vorweg einige
grundsätzliche Fragen.

- Was eröffnet dem Vortragenden eine Verständigung bei den
  Zuhörern?

- Welche Beziehungen sollen zwischen dem Vortragenden und
  seinen Zuhörern aufgebaut werden?

- Was soll während bzw. am Ende des wissenschaftlichen Vortrags bei den Zuhörern bewirkt werden?

Diese Fragen müssen alle Vortragenden vor der Erstellung der
Vortragsinhalte und insbesondere vor der Antwort auf die Frage
„Wie werde ich den wissenschaftlichen Vortrag halten?" für sich
selbst klären und beantworten.

Zunächst muss festgehalten werden, dass jeder Vortragende zu seinen Zuhörern in einer **Sender-Empfänger-Beziehung** steht.

Das bedeutet, dass der Sender ein bestimmtes Programm sendet,
„sein Programm".

- Was geschieht aber, wenn die Empfänger nicht eingeschaltet
  haben?
- Was passiert, wenn die Empfänger nichts hören?
- Was passiert, wenn die Empfänger nichts sehen?
- Was geschieht, wenn die Zuhörer das Programm uninteressant
  finden?
- Was geschicht, wenn das Programm für die Zuhörer unver-
  ständlich ist?

In all diesen Fällen wird die Wahrscheinlichkeit sehr groß sein, dass die Zuhörer abschalten werden, sofern sie überhaupt anfänglich eingeschaltet hatten.

Der Sender hat also einen geringen Einfluss auf den Empfänger.

Warum ist dies so?

- Weil der Sender im Augenblick der Sendung seine Zuhörer und Zuseher nicht sieht.
- Weil der Sender die Reaktionen seiner Zuhörer und Zuseher nicht kennt.
- Weil der Sender etwaige Störungen nicht bemerkt.

Ein Vergleich des soeben beschriebenen Senders mit der Aufgabe eines Vortragenden liegt nahe.

Ein guter Vortragender berücksichtigt daher seine Zuhörer und beachtet folgende grundlegenden Hinweise:

- **Er bereitet sich auf seinen Zuhörerkreis genau vor.**
- **Er achtet auf die Reaktionen seiner Zuhörer.**
- **Er prüft, ob sein Vortrag verstanden wird.**
- **Er reagiert auf Störungen.**

Letztendlich entscheiden die Zuhörer über den Erfolg eines wissenschaftlichen Vortrages.

2.1.1 Die freie Rede ohne Manuskript

Bei vielen Vorträgen stellt sich der Vortragende die Frage: Soll ich frei sprechen oder ein Manuskript verwenden?

Was bedeutet frei sprechen ohne Manuskript?

Eine Rede ohne ein Stichwort- oder Wort-für-Wort-Manuskript bedeutet, dass der Vortragende während des Vortrages **ausschließlich auf sich, das heißt auf sein Gedächtnis, gestellt** ist.

Gelegentlich wird eine freie Rede auch unter der Zuhilfenahme von visuellen Hilfsmitteln gehalten. Es ist immer wieder zu beobachten, dass mangels eines Manuskriptes die visuellen Hilfsmittel als Manuskriptersatz herhalten müssen. Dies ist abzulehnen, weil **visuelle Hilfsmittel immer nur zur Unterstützung** der Rededarstellung und des Redeinhaltes dienen.

Die Vorteile einer freien Rede ohne Manuskript sind:

- Die Möglichkeit, seine Gedanken während der Rede zu entwickeln.
- Spontane Einfälle ohne „Behinderung" vorgesehener Redestrukturen zu berücksichtigen.
- Sich (scheinbar) ausschließlich auf die Zuhörer konzentrieren zu können.

Die Nachteile einer freien Rede sind:

- Keine Struktur.
- Daher mangelnde Nachvollziehbarkeit der Aussagen.
- Die Gefahr, verschiedene Inhalte auszulassen.
- Die Gefahr der Konzentration des Vortragenden ausschließlich auf den Redefluss und den Redeinhalt und dadurch Nichtbeachten der Reaktionen der Zuhörer.
- Die Gefahr, Inhalte, über die geredet werden sollte, zu vergessen. Um nichts zu vergessen, lernen manche Vortragende die Rede auswendig; diese **falsche freie Rede** wirkt in aller Regel gekünstelt und wenig authentisch.

Stellt man also die Vor- und Nachteile einer freien Rede mit und einer freien Rede ohne Manuskript einander gegenüber, so überwiegen die Nachteile der freien Rede ohne Manuskript.

Aus diesem Grund wird generell die Manuskriptrede empfohlen.

2.1.2 Die freie Rede mit Manuskript

Die freie Rede mit Manuskript, also diejenige, die die Autoren den Vortragenden empfehlen, hat folgende wesentliche Merkmale.

- Eine Vorbereitung nach dem Motto „**Manuskript ist Gedächtnisstütze und nicht Gedächtnisersatz**".

- **Bei der Einleitung und beim Schluss kann vom Stichwortmanuskript abgegangen werden** und ein (auswendig gelerntes) Wort-für-Wort-Manuskript verwendet werden. Die Phasen des Beginns und Abschlusses eines Vortrages sind neuralgische Abschnitte. Zu Beginn muss es dem Vortragenden gelingen, trotz eines möglichen Lampenfiebers ruhig zu wirken und die Auswirkungen des Lampenfiebers möglichst hintanzuhalten. Es dürfen keine Pannen vorkommen, weswegen der wörtliche Text zu Beginn (maximal 3 bis 5 Sätze) eine erhöhte Sicherheit vermitteln kann. Am Schluss des Vortrages soll die Hauptaussage des Vortrags bei den Zuhörern in Erinnerung bleiben. Es gibt nur wenige Vortragende, denen in der „Hitze des Gefechtes" dann das richtige Schlusswort oder der wirkungsvolle Vortragsabschluss einfällt. Um eine Panne zu verhindern, hat so der Vortragende Gelegenheit, nochmals die bestens vorbereiteten und formulierten Schlusssätze (maximal 3 bis 5) kurz visuell vom Manuskript aufzunehmen und an die Zuhörer in vorbereiteter Weise zu transportieren.

– Voraussetzung für eine zielführende Manuskriptrede ist die **visuelle Gestaltung des Manuskripts**, so dass der Vortragende „nicht am Manuskript hängen" bleibt.

– Die Manuskriptrede muss nicht nur vorbereitet, sondern vom Vortragenden **vor dem Auftritt auch geübt** werden.

Um das Manuskript auch lesen zu können, muss es entsprechend gestaltet sein. Die Details hiezu sind im Abschnitt 2.2 näher ausgeführt.

2.1.3 Die abgelesene Rede

Aufgrund internationaler Verflechtungen im wissenschaftlichen Bereich und der Notwendigkeit, auch im internationalen wissenschaftlichen Bereich vernetzt zu sein, findet heute ein reger Vortragstourismus statt. Dies bedeutet gleichzeitig die **Konfrontation mit Fremdsprachen**. Bei vielen internationalen Veranstaltungen (Konferenzen, Symposien, etc.) gibt es aus Gründen relativ teurer simultaner Übersetzungskosten nur eine Konferenzsprache, die nicht immer die deutsche Sprache ist. Daher müssen anderssprachige Redner auf eine Sprache ausweichen, die nicht ihre Muttersprache ist.

In diesem Fall kann eine freie Rede auf keinen Fall empfohlen werden, auch wenn sie auswendig gelernt worden ist. Die **Gefahr eines „Absturzes"** ist einfach zu groß.

Selbst eine freie Rede mit Manuskript wird nur demjenigen Vortragenden vorbehalten sein, der die betreffende Fremdsprache gut beherrscht und auch gewohnt ist, in dieser Sprache häufiger zu sprechen (Übungsaspekt). Trotzdem ist das Sprechdenken in der

Fremdsprache Voraussetzung für eine freie Rede mit Manuskript. Diese Voraussetzungen sind nicht immer bei einem Vortragenden gegeben.

Es wird daher allen Rednern, die nicht das Sprechdenken in der Fremdsprache haben, dringend empfohlen, auf die Rede nach einem Wort-für-Wort-Manuskript zurückzugreifen. Andere Redeformen sind bei einem wissenschaftlichen Vortrag, bei dem viel auf dem Spiel steht, einfach zu riskant.

> **Bei wissenschaftlichen Vorträgen in fremden Sprachen kann (ausnahmsweise) die abgelesene Rede mit einem Wort-für-Wort-Manuskript empfohlen werden.**

2.2 Das Manuskript

Das bereits als zentrale Notwendigkeit für einen erfolgreichen wissenschaftlichen Vortrag angesehene Manuskript soll in erster Linie **Sicherheit vermitteln**. Wenn manche Vortragende auch generell für das Wort-für-Wort-Manuskript plädieren, muss dieser Meinung entgegengehalten werden, dass es viel schwerer ist, gut vorzulesen als nach einem Stichwortmanuskript frei zu sprechen.

2.2.1 Organisation

Die Organisation des Manuskriptvortrags geschieht in mehreren Phasen. Diese werden im Folgenden näher ausgeführt und stellen gleichzeitig einen Leitfaden dar, wie ein wissenschaftlicher Vortrag sinnvoll erarbeitet, erstellt und trainiert werden kann.

2.2.1.1 Vorbereitung des Manuskripts

Die erste Phase der **Organisation des Manuskriptvortrages** besteht in der Vorbereitung des Manuskripts.

Ist das Thema bekannt, so sollte dieses in Frageform formuliert werden. Fragen geben den Menschen das Gefühl, eine Antwort darauf finden zu müssen. Es besteht darüber hinaus die Möglichkeit, die Frage so zu formulieren, dass gewisse unerwünschte Denkrichtungen von vornherein ausgegrenzt werden können.

Wenn der Vortragende vor der Problematik steht, welche Art der Frage gestellt werden sollte, so hat er verschiedene Möglichkeiten.

Rhetorische Fragen sind Scheinfragen. Es sind Fragen, auf die der Vortragende keine direkte Antwort erwünscht, weil er selbst auf diese Fragen seine Antworten gibt. Es sind Fragen, die sich zum Teil selbst beantworten (zum Beispiel: Wer glaubt denn heute noch daran?). Rhetorische Fragen bieten sich an, wenn praktisch jedermann auf eine derartige Fragestellung eine Antwort geben kann. Sollte der Vortragende die gestellte rhetorische Frage doch mit einer unerwarteten Antwort versehen, dann ergeben sich häufig interessante und angeregte Diskussionen.

Alternativfragen grenzen die Antwortmöglichkeiten bewusst auf zwei oder einige wenige Alternativen ein. Wenn dies gewünscht wird, dann kann der Vortragende von vorneherein die Gedankengänge nur auf diese Alternativen fokussieren, so den Kern der Thematik in den Mittelpunkt rücken und die Lösungsansätze auf die Antwort der Alternativfragen beschränken. Überflüssige Abweichungen von der Kernthematik können in diesem Zusammenhang vermieden werden. Allerdings nimmt der Vortragende damit in Kauf, dass die Lösungs- und Gedankenvielfalt deutlich eingeschränkt wird.

Zur **Vorbereitung des Manuskripts** gehören ganz zu Beginn die Suche und das Zusammentragen von entsprechenden Informationen.

In diesem Zusammenhang sollten folgende **Prüffragen** beantwortet werden.

– Wann soll mit der Suche und dem Zusammentragen von entsprechenden Informationen begonnen werden?
– Wie viel an Informationen soll bei der Suche gesammelt werden?
– Woher sollen die Informationen kommen?
– Wie sollen die Informationen gesammelt werden?
– Wie können die gesammelten Informationen präsent bleiben?

Es wird empfohlen, rechtzeitig damit zu beginnen. Eine frühe Vorbereitung ist bereits ein halber Erfolg.

Sinnvoll ist es, möglichst viel zusammenzutragen. Zu einem späteren Zeitpunkt können aus den gesammelten Quellen immer noch überflüssige und mehrfache Informationen entfernt werden. Nicht vorhandene Informationen können aber kurz vor dem Vortrag kaum beschafft werden.

Der Vortragende hat bei der Sammlung von Informationen insbesondere darauf zu achten, dass die Suche von Informationen nicht mit dem Werten und Bewerten von Informationen vermischt wird. Daher ist es wichtig, alle zur Verfügung stehenden Quellen zu mobilisieren. Die **adäquate Internetsuche** ist heutzutage ein erfreuliches Hilfsmittel bei diesem Prozess. In diesem Zusammenhang wird auf die verschiedenen Suchmaschinen hingewiesen, die fachspezifisch das Suchen etwas erleichtern. Im Rahmen wissenschaftlicher Vorträge medizinischen Inhaltes hat sich die Medline als probates Mittel zur Informationssuche und -beschaffung herausgebildet.

Wie die Informationen gesammelt werden, ist verschieden und wohl abhängig von den Neigungen des Vortragenden. Manche schwören auch im Computerzeitalter auf eine Zettelkartei, andere benutzen vollelektronische Dateien, Dritte benutzen Ordner. Welches System auch immer der Vortragende benutzt, wesentlich ist, dass er mit dem System gut umgehen kann und der Zugriff zu den gesammelten Daten in relativ kurzer Zeit und mit hoher **Treffsicherheit** gewährleistet ist. Was nützt das beste System, wenn der Nutzer die von ihm gewünschten Informationen zwar erhalten kann, aber nicht zeitgerecht oder in einer unverwendbaren Form zur Verfügung hat?

Um eine ständige Präsenz der gesammelten Informationen zu gewährleisten, sollte sich jeder Vortragende während der gesamten Vorbereitungszeit mit der Thematik gewissermaßen halb bewusst beschäftigen. Er hat auf diese Art und Weise die ständige gedankliche Verbindung zur Thematik des Vortrages und kann seine Ideen aufgrund dieser Assoziationen sozusagen reifen lassen.

> **Halten Sie spontan auftretende Ideen und Gedanken sofort schriftlich fest.**

2.2.1.2 Organisationsphase der Manuskripterstellung

In die **Organisationsphase** gehört der nächste Schritt der Manuskripterstellung: das **Sichten und Auswählen**.

In diesem Schritt soll die Grobstruktur des wissenschaftlichen Vortrages bereits festgelegt werden. Anhand dieser Struktur erfolgt die Gliederung des Stoffes. Dabei bewährt sich die **farbliche Unterscheidung** verschiedener Inhalte nach Wichtigkeit, nach zeitlicher Aktualität sowie nach theoretischen Ansätzen und praktischen Hinweisen.

Dieser Schritt beinhaltet auch die Erstellung der **Vortragsdisposition** aufgrund der festgelegten Grobstruktur. Die Vortragsdisposition besteht aus mehreren Teilen:

1. Das Ziel des Vortrags.
2. Die Kernaussagen des Vortrags.
3. Die Hauptteile des Vortrags.
4. Der Weg (Argumentationsstrecke) zu den Kernaussagen des Vortrags hin.
5. Audiovisuelle Hilfsmittel zur Unterstützung des Vortragsinhalts.

Beachten Sie bitte das **Verhältnis zwischen Anfang, Hauptteil und Abschluss des Vortrages**. Dieses Verhältnis soll etwa 1 zu 5 zu 1 betragen, wobei mit zunehmender Vortragsdauer die für den Hauptteil vorgesehene Zeit verhältnismäßig länger wird.

Nehmen wir einen wissenschaftlichen Vortrag von 7 Minuten an. In diesem Fall sollen die Einleitung, die Problemstellung sowie die Aussagen über das Versuchsdesign nicht mehr als 1 Minute betragen. Im anschließenden Hauptteil mit einer prognostizierten Dauer von rund 5 Minuten werden die Methoden beschrieben und die Ergebnisse dargestellt. Der Abschluss enthält eine Zusammenfassung der wichtigen Aussagen, Perspektiven und möglichen praktischen Anwendungen und soll im konkreten Beispiel 1 Minute nicht überschreiten.

> **Anfang, Hauptteil und Schluss eines wissenschaftlichen Vortrages lassen sich mit einem dreigängigen Menü vergleichen (Vorspeise, Hauptgang und Dessert).** Die Zuhörer sollen satt werden, aber nicht platzen!

2.2.1.3 Ausarbeitungsphase der Manuskripterstellung

In der dritten Vorbereitungsphase des Manuskriptvortrages wird das Manuskript ausgearbeitet.

Zunächst muss die **Gliederung** endgültig festgelegt werden. Daraus ergeben sich die Hauptpunkte des Hauptteils des Vortrages. Sie stellen die Kapitelüberschriften dar. Unterkapitel und weitere Details werden je nach vorhandenem Informationsmaterial und

Disposition des Vortragenden hinzugefügt und füllen damit die Hauptpunkte inhaltlich zu Aussagen auf.

Ob der Vortragende Schlüsselwörter seines Vortrages besonders kennzeichnet (zum Beispiel farblich oder durch Unterstreichen), ist Geschmackssache.

Beachten Sie bitte, dass am Ende jedes Hauptpunktes eine **kurze Zusammenfassung** hilfreich ist und den Zuhörern eine bessere Übersicht über den Inhalt Ihrer Aussage ermöglicht. Insbesondere bei längeren Vorträgen, bei Vorträgen mit schwierigen Inhalten sowie bei Vorträgen mit neuen und bisher unüblichen Erkenntnissen sind diese zwischenzeitlich im Vortrag eingebauten Zusammenfassungen sinnvoll. Sie helfen den Zuhörern am Ende derartiger gedanklicher Abschnitte, die gehörten (und gesehenen) Informationen besser zu verarbeiten, und geben ihnen Zeit, diese in ihre bisherigen Erfahrungen und Wissensinhalte einzuordnen.

Beim Einsatz audiovisueller oder visueller Hilfsmittel hat das Manuskript auch gleichzeitig die Aufgabe eines **Drehbuches**. An den Stellen, wo der Einsatz dieser Hilfsmittel vorgesehen ist, muss im Manuskript ein entsprechender Hinweis enthalten sein, damit während des Vortrages die volle Konzentration des Vortragenden auf den Vortrag und nicht auf das Procedere gelenkt ist.

Das Gleiche gilt hinsichtlich der Zeitangaben. Diese sind bereits dann hilfreich, wenn ein Vortrag drei oder mehr Minuten dauert. In diesen Fällen empfiehlt sich der ergänzende **Zeithinweis in kumulierter Form**. Durch einen kurzen Blick auf die Uhr kann der Vortragende sofort feststellen, wie er in der Zeit liegt.

Die in Abb. 2.1 ersichtliche Mustereinteilung für Ihre Manuskriptgestaltung kann als grundsätzliche Vorlage für ein derartiges Drehbuch dienen. Sie besteht aus den im Folgenden beschriebenen Spalten.

Wie ersichtlich, kann durch entsprechendes Einrücken beim Ausfüllen der verschiedenen Punkte ein optischer Effekt erreicht werden, der es dem Vortragenden erleichtert, relativ schnell die gewünschte Position seines Vortrages im Manuskript zu finden.

Zu den einzelnen Spalten und deren inhaltlicher Bedeutung:

Spalte „Zeit"

In dieser Spalte werden die **zeitlichen Dispositionen** entsprechend der Vorgabe der Einladung zum Vortrag bzw. der persön-

Zeit [Min] (kumuliert)	Hauptpunkte	Unterpunkte	Nebenpunkte	Regie- anweisungen

00:00   ---wörtlich 3 bis maximal 5 Sätze zu Beginn des Vortrags

.   --- Folie 01

.   ---

00:30   1. Hauptpunkt ---

.   1.1. Unterpunkt ------------------------------ Folie 02

.   1.2. Unterpunkt ------------------------------ Folie 03

.   1.2.1. Nebenpunkt----------

.   1.2.2. Nebenpunkt---------- Folie 04

02:30   2. Hauptpunkt -- Folie 05

.   2.1. Unterpunkt ------------------------------ Folie 06

.   2.1.1. Nebenpunkt---------- Folie 07

.   2.1.2. Nebenpunkt---------- Folie 08

.   2.2. Unterpunkt ------------------------------ Folie 09

.   2.2.1. Nebenpunkt----------

.   2.2.2. Nebenpunkt----------

.   2.2.3. Nebenpunkt---------- Folie 10

04:30   3. Hauptpunkt -- Folie 11

.   3.1. Unterpunkt ------------------------------ Folie 12

.   3.1.1. Nebenpunkt----------

.   3.1.2. Nebenpunkt----------

.   3.1.3. Nebenpunkt---------- Folie 13

.   3.2. Unterpunkt ------------------------------ Folie 14

.   3.2.1. Nebenpunkt----------

.   3.2.2. Nebenpunkt----------

.   3.2.3. Nebenpunkt----------

.   3.2.4. Nebenpunkt----------

07:30   --- wörtlich 3 bis maximal 5 Sätze zum Abschluss des --- Folie 15
          --- Vortrags ---

Abb. 2.1. Vorlage für die Manuskriptgestaltung

lichen Einteilung und Schwerpunktbildung der Inhalte getroffen. Idealerweise soll die Zeit mit der Eintragung 00:00 Uhr beginnen. Auf diese Weise kann mit einem Blick während des Vortrages festgestellt werden, zu welchem Zeitpunkt welche Thematik vorgesehen ist. Parallel dazu empfiehlt es sich, die Zeiger seiner Uhr zu Beginn des Vortrages auf 12:00 Uhr zu stellen. Dadurch muss während des Vortrages nur der Minutenzeiger betrachtet werden, der ja dann den bisherigen minütlichen Zeitverbrauch ebenfalls mit einem Blick erkennen lässt.

Sollte der Vorsitzende im Rahmen einer Vortragsfolge aufgrund organisatorischer Notwendigkeiten eine **zeitliche Kürzung** Ihres Vortrages wünschen (zum Beispiel war die ursprünglich geplante Vortragszeit 10 Minuten, die neu gewünschte Vortragszeit soll jedoch 6 Minuten dauern), dann brauchen Sie nicht in Aufregung geraten. In diesem unangenehmen Fall kürzen Sie einfach die entsprechenden Zeitangaben in der linken Spalte Ihres Manuskriptes. Sie können dann je nach Fortschritt Ihrer Zeit während des Vortrages manche Punkte Ihres Manuskriptes von rechts nach links weglassen. Das heißt, Sie lassen zunächst verschiedene Nebenpunkte weg; falls überhaupt notwendig, dann auch den einen oder anderen Unterpunkt. Da nur Sie Ihr Manuskript kennen, wird niemand diese **Informationen vermissen**, zumal es sich um Nebenpunkte handelt, die das Verständnis Ihrer Aussagen lediglich ergänzen helfen soll. Sie betreffen keine Kernaussagen. Es gibt allerdings bei audiovisuell unterstützten Vorträgen das Problem, dass in diesem Kürzungsfall auch die die weggelassenen Nebenpunkte betreffenden Dias oder Folien weggelassen werden müssen. Dieser Vorgang kann von den Zuhörern erkannt werden, und dann wird das Weglassen bedauerlicherweise wahrgenommen.

Spalte „Hauptpunkte"

Die Spalte Hauptpunkte dient der schriftlichen Darstellung der **Kapitelüberschriften** Ihres Vortrages. Sie stellen die **wesentlichen Aussagen** Ihres Vortrages dar und können nicht weggelassen werden, ohne den Sinn und Inhalt Ihrer Darstellung zu verändern. Daher ist es problematisch, wenn Sie die Zeit wesentlich überschreiten, der Vorsitzende Sie zum unverzüglichen Abschluss auffordert und Sie sofort zum Ende kommen müssen. In diesem Fall kann es passieren, dass Sie möglicherweise den letzten Hauptpunkt, der üblicherweise das Substrat Ihrer wissenschaftlichen Aussage enthält, nicht mehr bringen können. Dies würde einen schlechten Vortrag bedeuten, da gerade die Aussagen gegen Ende eines Vortrages von den Zuhörern besonders rezipiert werden. Der Inhalt Ihres Vortrages geht aufgrund mangelnder Zeitdisziplin (Zeitüberziehung) ins Leere.

Spalte „Unterpunkte"

Diese Spalte enthält die **Aufteilung der Hauptpunkte** in so genannte verdauliche Portionen. Die Unterpunkte gliedern den jeweiligen Hauptpunkt. Es bleibt Ihnen überlassen, welchen Aspekt Sie im Rahmen Ihres Vortrages in den Vordergrund stellen wollen. Dementsprechend wird auch die Bedeutung des einen oder anderen Unterpunktes größer oder kleiner sein. Auch Ihre Entscheidung hinsichtlich der Unterstützung Ihrer verbalen Darstellung durch Folien wird sich daran orientieren, welche dieser Unterpunkte Ihnen besonders bedeutend erscheinen, um durch visuelle Ergänzungen verstärkt zu werden. Allgemein sollte beachtet werden, dass eine Einteilung eines Hauptpunktes in sehr viele Unterpunkte nicht zweckmäßig ist. Den Zuhörern geht in diesem Fall sehr schnell die Orientierung verloren, und sie hören einfach nicht mehr zu. Es ist daher empfehlenswert, eine **maximale Anzahl von 3 bis 5 Unterpunkten pro Hauptpunkt** nicht zu überschreiten. Eine weitere Anregung ist, dass gerade jene Hauptpunkte, die gegen Ende Ihrer Ausführungen kommen, möglichst mehr Unterpunkte beinhalten sollten als die ersten Hauptpunkte. Dies deshalb, weil Ihnen im Falle einer drohenden Zeitüberschreitung mehr Möglichkeiten für Kürzungsmaßnahmen am Ende des Vortrages bleiben.

Spalte „Nebenpunkte"

Als Nebenpunkte werden alle jene Inhalte bezeichnet, die nicht zu den besonders wichtigen Aussagen des Vortrages gehören. Sie beinhalten Beispiele, Ergänzungen aller Art, Anekdoten und zusätzliche Aspekte, gewissermaßen als Supplement Ihres Vortrages.

Gerade bei Nebenpunkten sollten Sie mit dem Einsatz von visuellen Hilfen vorsichtig umgehen. Eine aus Zeitgründen erforderliche Kürzung Ihres Vortrages würde dem Publikum sonst auffallen, was vermieden werden sollte. In jedem Fall sollen diese Nebenpunkte nur dann herangezogen werden, wenn dem wissenschaftlichen Vortragenden genügend Zeit bleibt, um seine Ausführungen damit zu ergänzen. In keinem Fall sollten neue Inhalte in diesen Nebenpunkten enthalten sein, deren Wegfall zu Verständnisstörungen bei den Zuhörern führen könnte.

Spalte „**Regiehinweise**"

Wie gesagt, dient beim Einsatz audiovisueller Hilfsmittel das **Manuskript auch als Drehbuch**. Etwaige Regieanweisungen werden daher in diese Spalte geschrieben, damit im Laufe des Vortrages darauf nicht vergessen wird. Gleichzeitig haben Sie auf diese Art und Weise eine genaue Kontrolle über die bereits von Ihnen projizierten Dias oder Folien. Wenn Sie die Folien nicht nur lapidar durchnummerieren, sondern auch mit einer **Kurzbezeichnung** im Manuskript versehen, wissen Sie zu jedem Zeitpunkt Ihres Vortrages, welche Folie als nächste projiziert wird. Sie können Letztere vor deren Erscheinen auf die Leinwand elegant ankündigen und darauf mit Ihren Worten hinweisen. Ihre Ausführungen wirken dadurch rund, und Sie vermeiden etwaige Gedankensprünge oder unerwünschte Brüche im Duktus Ihres Vortrages.

2.2.1.4 Üben des Vortrages nach Fertigstellung des Manuskriptes

Kein Vortrag soll gehalten werden, ohne vorher **ausreichend geübt** worden zu sein. Ein Üben mit lautem Sprechen, unterstützt durch Tonbandkontrolle, ist sehr hilfreich. Wer die Möglichkeit hat, sollte unbedingt eine Videoaufnahme seines Vortrages unter realitätsnahen Bedingungen machen. Beim Abspielen können nicht nur sprachliche Adaptierungen vorgenommen werden. Die gesamte Persönlichkeit des Vortragenden steht dabei zur kritischen Betrachtung. Aus den Eindrücken einer Testzuhörerschaft (z. B. eigene Institutsmitarbeiter, Studierende, etc.) können wertvolle Schlüsse für die Akzeptanz Ihres wissenschaftlichen Vortrages gezogen werden.

Insbesondere jüngere Vortragende erzielen beste Ergebnisse durch Üben des Vortrages. Durch das Training und die daran anschließende kritische Betrachtungsweise können grundlegende Fehler vermieden, Ängste beim realen Auftritt abgebaut sowie die **Qualität und Akzeptanz des wissenschaftlichen Vortrages** erheblich verbessert werden.

Bei der Überprüfung der vorgesehenen zeitlichen Disposition des Vortrages muss beachtet werden, dass folgende Grundsätze gelten.

– Wird der Vortrag durch Lesen geübt, dann beträgt die gemessene Zeit im Allgemeinen 10% weniger als die tatsächliche Redezeit.

– Wird der wissenschaftliche Vortrag durch Reden geübt, dann beträgt die gemessene Zeit im Allgemeinen 10% mehr als die tatsächliche Redezeit.

Etwa 24 Stunden vor dem Vortragstermin sollte auf weitere Veränderungen verzichtet werden. Die Unruhe des Vortragenden würde sonst steigen und die Unsicherheit sich vergrößern. Besser ist es, wenn der Vortragende in den letzten Stunden vor seinem wissenschaftlichen Auftritt Abstand gewinnt.

2.2.2 Format

In diese Phase fallen die Entscheidungen hinsichtlich Papier- und Schriftwahl sowie über etwaige zusätzliche Hilfsmaßnahmen.

2.2.2.1 Papierformate

Zur Frage der schriftlichen Form des Manuskriptes und der Papierwahl sollten einige allgemein gültige Empfehlungen beachtet werden.

Aus der empfohlenen **Mindestschriftgröße von 14 Punkten** kann auch die Papiergröße abgeleitet werden. Es eignen sich keine Notizzettel oder dergleichen als Papierformate für das Manuskript eines wissenschaftlichen Vortrages. Am besten und auch am gebräuchlichsten sind die **Papierformate A4 und A5 bzw. A5 quer**.

Die Wahl der Schriftart kann individuell gehandhabt werden. Folgende unvorteilhafte Schriften sind zu vermeiden: Schattenschriften, Schreibschriften (z. B. englische Schreibschrift) und Schmalschriften.

Ob Sie für Ihr Stichwortmanuskript eine Schrift mit Serifen (z. B. Times New Roman) oder eine serifenlose Schrift (z. B. Arial) wählen, bleibt Ihrem persönlichen Geschmack überlassen.

2.2.2.2 Papiersorten

Weiters stellt sich die Frage nach der gewünschten Papiersorte und Papierqualität. Es gibt eine beinahe unüberschaubare Anzahl verschiedener Papiersorten. Welche von Ihnen gewählt wird, ist zunächst eine Frage des persönlichen Geschmacks.

Folgendes ist dabei zu beachten:

- Die Papierqualität wird so gewählt, dass das Papier nicht gleich bei der kleinsten Belastung reißt.

- Die Papiersorte sollte keine zu starke Eigenstruktur aufweisen. (Vorsatzpapiere eignen sich daher nicht als Manuskriptpapiere.)

- Nichtglänzende Papieroberflächen sind zu bevorzugen, um unerwünschte **Spiegelungseffekte** beim Vortrag zu vermeiden.

- Es eignen sich besonders **holzhältige Papiersorten** wie zum Beispiel Konzeptpapier.

- Die Papierstärke ist grundsätzlich von nachrangiger Bedeutung. Es sollte allerdings kein Karton verwendet werden, weil dieser schwer faltbar ist und beim Ausdruck Probleme verursachen kann.

2.2.2.3 Die grafische Gestaltung des Wort-für-Wort-Manuskriptes

Weil die abgelesene Rede schwieriger ist als das Sprechen eines freien Vortrages mit Manuskriptunterstützung, müssen beim Einsatz eines Wort-für-Wort-Manuskriptes einige besondere Regeln beachtet werden.

- Die Schriftgröße darf 14 Punkte keinesfalls unterschreiten. Am besten eignen sich Schriftgrößen von 16 bzw. 18 Punkten.

- Da das Wort-für-Wort-Manuskript keine grafische Struktur aufweist, müssen Kapitelüberschriften, Schlüsselwörter und Kernaussagen besonders hervorgehoben werden.

- Die verwendete Schriftart muss leicht leserlich sein.

- Das Manuskriptpapier darf nur einseitig beschrieben werden. Doppelseitig beschriebene Manuskriptblätter bergen die Gefahr der Verwirrung bei Lesefortsetzung auf der Hinterseite des Blattes.

- Der Zeilenabstand soll 1 ½ Zeilen nicht unterschreiten.

- Kennzeichnen Sie in der Spalte Regieanweisungen deutlich Ihre Folien nicht nur durch Nummern, sondern durch ein entsprechend unverwechselbares Bezugswort, um Verwechslungen zu vermeiden.

2.3 Sprache und Stil

Der Erfolg eines wissenschaftlichen Vortrages besteht aus den beiden Komponenten Vortragsinhalt und Vortragsstil. Ob die Aufteilung immer – wie in manchen Literaturquellen beschrieben – 1 zu 1 ist, sei allgemein dahingestellt. Schon im Altertum spricht zum Beispiel Cicero von einer Aufteilung des Vortrages in *res* (= Sache, Inhalt) und *verba* (Worte, verbale Darstellung). Die **Sprache des Vortrages** (lateinisch *elocutio*) soll als Einkleidung der Gedanken kein blosser Schmuck sein, sondern unmittelbar an die wirkungsdienliche Darstellung der Inhalte und das Vortragsziel gebunden sein.

1) Es geht daher zunächst darum, die Gedanken überhaupt zur Sprache zu bringen.

2) Dann müssen die Gedanken auf die richtige und angemessene Weise dargestellt werden.

3) Schließlich müssen die sprachlichen Fähigkeiten des Vortragenden in einem möglichst positiven Licht erscheinen.

Die rhetorische Vorbereitung des Vortrages dient der Versprachlichung und Verdeutlichung der Argumente, die sie durch adäquate Mittel effizienter und wirkungsmächtiger macht. Die kunstvolle Einkleidung des Vortragsinhalts wird als **Redeschmuck** (lateinisch *ornatus*) bezeichnet. Dieser soll einerseits klar und deutlich und andererseits dem Inhalt des Vortrages und der Absicht des Vortragenden angemessen sein.

Die Anforderungen an eine sprachliche Gestaltung des Vortrages können ganz verschieden sein. Sie hängen von der jeweiligen Art des wissenschaftlichen Vortrages ab und unterliegen dem Anlass des Vortrages und dem historischen Wandel der Ansichten über die Richtigkeit und Schönheit des sprachlichen Ausdrucks. Bekanntlich entwickelt jede Zeit ihre eigenen Vorstellungen.

Trotzdem lassen sich gewisse allgemein gültige Grundsätze formulieren, die gewissermaßen zeitunabhängig sind und daher beachtet werden sollten.

Die Worte im Vortrag sollen **gebräuchlich, deutlich und am rechten Ort** (das heißt zum Beispiel eine korrekte Anrede) angebracht sein. Weiters muss der **sprachliche Ausdruck angemessen** sein. Es handelt sich dabei um zwei wichtige Gesichtspunkte, die vom Vortragenden in jedem Fall berücksichtigt werden müssen, um dem Inhalt seines wissenschaftlichen Vortrages die gewünschte Wirkung zu verschaffen.

Die **Angemessenheit** bezieht sich sowohl auf den Text des Vortrags als auch auf die äußeren Umstände und den Vortragenden selbst. So muss über im Saal Anwesende mit entsprechendem Respekt gesprochen werden. Der Vortragende muss den Ort und Zeitpunkt seines Vortrages und auch das Auftreten seiner Person anpassen.

2.3.1 Verhalten des Vortragenden

Zum Verhalten des Vortragenden gehören: die Wortwahl, der Satzbau, die Verwendung etwaiger Floskeln, die Gestaltung von Übergängen und der Gebrauch (Einsatz) des Dialekts.

2.3.1.1 Wortwahl

Aufgrund der relativ kurzen Zeit, die für wissenschaftliche Vorträge zur Verfügung steht, hat die Wortwahl eine vorrangige Bedeutung.

Passen Sie Ihre Wortwahl Ihren Zuhörern an. Wenn diese aus dem gleichen fachlichen bzw. wissenschaftlichen Umfeld sind, kann von einem grundsätzlichen **Verständnis** von allgemein in diesem Umfeld gebräuchlichen Fachausdrücken und Abkürzungen ausgegangen werden.

Sie müssen im Vortrag verständlich bleiben, um alle Anwesenden zu erreichen. Wenn Sie mangels verfügbarer Teilnehmerliste nicht ausschließen können, dass Ihnen auch Interessenten aus anderen Fachgebieten zuhören, dann dürfen Sie sich nicht auf das „Fachchinesisch" zurückziehen. Gerade interessierte Teilnehmer aus anderen Fachgebieten hätten durch Abkürzungen und andere nicht allgemein bekannte Fachbegriffe einen großen Nachteil.

Es empfiehlt sich, bei der Wortwahl folgende Grundsätze zu beachten.

– Verwenden Sie **nur Abkürzungen, die allgemein bekannt sind.** Bei neuen Abkürzungen empfiehlt es sich, diese vorher zu erklären.

– Sprechen Sie nicht so, wie Sie schreiben würden. Sprechen Sie in der gebräuchlichen Umgangssprache und **vermeiden Sie so den unerwünschten „Redesmoking".**

– Sprechen Sie nicht in der Ich- bzw. Wir-Form, sondern **sprechen Sie die Zuhörer direkt durch das „Sie" oder „Du" an.** Vermeiden Sie unter allen Umständen das „man" – es fühlt sich kein Zuhörer dadurch angesprochen.

2.3.1.2 Satzbau

Bei der Gestaltung der Sätze ist die Satzlänge von entscheidender Bedeutung für das Verständnis des Gesagten. Verwenden Sie grundsätzlich **keine langen Schachtelsätze.** Diese bergen nicht nur die Gefahr der Unübersichtlichkeit und damit der Unverständlichkeit für die Zuhörer. Sie verleiten manche Zuhörer zur spitzfindigen Frage, ob denn der Vortragende eine derartig lange Wortfolge noch mit dem richtig konjugierten Zeitwort beendet. Der Inhalt des Satzes tritt auf diese Weise in den Hintergrund.

Ein wissenschaftlicher Vortrag gewinnt nicht gerade an inhaltlicher Akzeptanz, wenn der Vortragende lange Sätze, unverständliche – möglicherweise gescheit klingende – Begriffe (zum Beispiel häufig verwendete Modewörter, deren Inhalt meist unklar und oft missverständlich ist) und ständig unbekannte Abkürzungen einsetzt. Manche Zuhörer kommen sogar auf den Gedanken, dass der Vortragende durch die oben beschriebene Verhaltensweise zu kaschieren versucht, dass er eigentlich gar nichts Bedeutendes zu sagen hat.

Es gelten daher folgende **Regeln**:

– Verwenden Sie **kurze Sätze.**
   Beispiel: Statt:
   „Verwenden Sie grundsätzlich keine langen Schachtelsätze, weil bei der Gestaltung der Sätze die Satzlänge von entscheidender Bedeutung für das Verständnis des Gesagten ist."
   besser Teilung des langen Satzes in zwei Sätze:
   „Bei der Gestaltung der Sätze ist die Satzlänge von entscheidender Bedeutung für das Verständnis des Gesagten. Verwenden Sie grundsätzlich **keine langen Schachtelsätze**".

– Verwenden Sie **möglichst Sätze ohne Relativnebensätzen.**
   Beispiel: Statt:
   „Der Vortragende, der über im Saal Anwesende mit entsprechendem Respekt sprechen soll, muss den Ort und Zeitpunkt seines Vortrages und auch das Auftreten seiner Person anpassen."

besser zwei getrennte Hauptsätze:
„So muss über im Saal Anwesende mit entsprechendem
Respekt gesprochen werden. Der Vortragende muss den Ort
und Zeitpunkt seines Vortrages und auch das Auftreten seiner
Person anpassen."

– Ersetzen Sie möglichst **Hauptwörter (Substantiva) durch
Zeitwörter (Verben)**.

– **Passen Sie Ihre Wortwahl dem Inhalt an.**

– **Je größer die Zahl der Zuhörer, desto geringer sollte die Anzahl
der zu verwendenden Worte sein.**

2.3.1.3 Floskeln

Jeder profilierte Vortragende hat einen eigenen **Sprechstil**. Trotz
dieser notwendigen individuellen Ausrichtung der Vortragseigen-
schaft sollten Sie entbehrliche Floskeln vermeiden.

Aus politischen Reden und Interviews sind Floskeln und deren
Bedeutungslosigkeit hinlänglich bekannt. Politiker werden regel-
recht trainiert, bestimmte Floskeln reflexartig und ohne Beachtung
der Rahmenbedingungen zu wiederholen. Im wissenschaftlichen
Vortragsbereich sollte eine derlei künstliche Sprechgestaltung unterbleiben.

Einige typische Floskeln, die Sie meiden sollten, sind:

„… die mir zur Verfügung stehende Zeit erlaubt es nicht auf weitere Punkte einzugehen …"
besser: „… hier sollen folgende Aspekte betrachtet werden …"

„… eigentlich …"
besser: ganz auslassen.

„… ich möchte …"
besser: ganz auslassen, aktive Verbalform benützen.

„… ich glaube …"
besser: den Sicherheitsgrad oder die Wahrscheinlichkeit angeben;
wenn diese unbekannt sind, ganz weglassen.

2.3.1.4 Übergänge

Übergänge kommen zwischen den Hauptpunkten des Manuskriptes vor. Sie sind besonders notwendig, um eine gedankliche
Verbindung zwischen den betreffenden Abschnitten herzustellen.

Wie bereits ausgeführt, empfehlen wir am Ende eines Hauptpunktes eine kurze Zusammenfassung. Dies bietet für die
Zuhörer den Vorteil, dass sie den wesentlichen Inhalt des ver-
gangenen Abschnittes komprimiert nochmals erfahren. In diese **Zusammenfassung** kann die Überleitung zum nächsten
Hauptpunkt eingebaut werden.

Eine andere Möglichkeit ist, in einem **Zwischensatz** den Gedanken
der Zusammenfassung, zum Beispiel in Frageform, auf den nächsten Abschnitt hin zu fokussieren. Mit dieser Frage erreicht der
Vortragende zum einen, dass sich die Zuhörer in eine von ihm
gewünschte Richtung gedanklich fortbewegen, und zum anderen,
dass die Verbindung zwischen dem gerade zu Ende gegangenen
Abschnitt mit dem nächsten Abschnitt enger wird. Der so genannte rote Faden wird dadurch ersichtlich.

Ein derartiger Übergang könnte folgendermaßen lauten: „Der soeben dargelegte Abschnitt zeigte eine interessante Entwicklung
der Gesundung in die Richtung …. Wenn wir diesen Gedanken
weiter entwickeln, stellt sich die Frage: Wo kann diese Therapie
ihre Anwendungsgrenze finden? Diese Frage soll im nächsten
Abschnitt beantwortet werden."

Übergänge in schulmeisterlicher Art und Weise („Das war der
dritte Punkt, nun kommen wir zum vierten Punkt") sind nicht
empfehlenswert.

2.3.1.5 Dialekt

Wer eine für ihn übliche **Umgangssprache** in seinem Vortrag
verwendet, hat nicht nur den Vorteil, authentisch zu wirken. Er
bleibt, wenn er die unten angeführten Grundregeln beachtet, für
die Zuhörer verständlich und wird daher mit seinem Vortrag „ankommen".

Allerdings besteht immer die Gefahr, dass der verwendete Dialekt
nicht von allen Zuhörern als angenehm empfunden wird. Da
jede lebende Sprache Dialekte besitzt und diese nicht bei allen

Menschen gleich gut ankommen, muss gut überlegt werden, ob
der Dialekt bewusst eingesetzt werden soll.

In diesem Zusammenhang sind einige **Grundregeln** zu beachten:

- Die Dialektsprache muss **verständlich bleiben.**
- **Dialekte, die bei den jeweiligen Zuhörern nicht gut ankommen, sollten generell vermieden werden.**
- Im Falle der Übersetzung darf nur dann die Dialektsprache
  zur Anwendung kommen, wenn gewährleistet ist, dass bei der
  Übersetzung die Originalität ebenfalls transportiert werden
  kann.
- Wenn im Dialekt die Aussage nachvollziehbar ist, muss dies
  auch bei der entsprechenden Hochsprache gewährleistet sein.

2.3.2 Redetechnik

Beim Einsatz der richtigen Sprechtechnik muss vorweg festgestellt
werden, dass von einem Wissenschaftler nicht erwartet wird, dass
er eine Schauspielausbildung absolviert hat und ein Burgtheater-
Deutsch spricht. Darüber hinaus hat er im Allgemeinen keine
Ausbildung in Pantomime und in Dialektik.

Trotzdem kann der Zuhörer erwarten, dass ein guter wissenschaftlicher Vortragender die allgemeinen Regeln der Sprechtechnik
kennt und auch weiß, welche Auswirkungen typische Verhaltens-
weisen seines Körpers (Körpersprache) auf die Zuhörer haben.

2.3.2.1 Stimme

Um seine eigene Stimme zu beherrschen und gegebenenfalls glaub-
haft modifizieren zu können, ist eine langjährige Schauspiel- bzw.
Sprechausbildung notwendig. Aus leicht einsehbaren Gründen
wird dies normalerweise bei den wissenschaftlich Vortragenden
nicht zutreffen. Daher werden im Folgenden einige wesentliche
Hinweise gegeben, wie beim **Stimmeinsatz** grobe Fehler vermieden werden können.

Abgesehen von der Klarheit Ihrer Aussprache sollten Sie darauf
achten, dass Ihre Stimme eine genügende Lautstärke erreicht. Zu
leise oder zu laute Vortragende wirken unangenehm schüchtern
bzw. bedrohlich. Greifen Sie daher bei größeren Räumen auf die
Unterstützung durch **Mikrofon und Lautsprecher** zurück. Auch
wenn Letztere die Stimme verzerren können, verhindern sie, dass

die Zuhörer in den hinteren Reihen vom Vortrag nichts mitbekommen.

Zum Einsatz der richtigen Stimme zählt auch die **korrekte Satzbetonung**. Dies bedeutet, dass der Vortragende erfreuliche Erkenntnisse eher fröhlich, unangenehme Erkenntnisse eher traurig darstellen soll. Eine anders geartete Stimmlage verwirrt die Zuhörer. Dieses Verwirrungselement setzen zwar manche Vortragende bewusst ein, doch müssen in diesen Fällen die so irregeleiteten Zuhörer unverzüglich nach der Aussage aus ihrer Verwirrung durch eine aufklärende Aussage befreit werden.

Am Ende eines Aussagesatzes steht in der deutschen Sprache ein Punkt. Aus diesem Grund müssen Sie Ihre **Stimme gegen Ende des Satzes heruntermodulieren und danach eine kurze Pause (etwa 2 Sekunden) machen**. Vortragende, die ohne Unterbrechung sprechen, die die Satzinterpunktion missachten und keine Strukturen ihrer Aussage erkennen lassen, werden schnell unverständlich, die Zuhörer langweilen sich und sind bald mit ihren Gedanken woanders. Wer seine Lautstärke nicht moduliert, der gilt als langweilig und ermüdend. Darüber hinaus werden die Zuhörer den Vortragsinhalt als uninteressant einschätzen.

2.3.2.2 Pausen

Wie wir bereits oben ausgeführt haben, sind Pausen ein wichtiges Mittel der Modulierung der Stimme. Abgesehen von den ganz kurzen Pausen am Ende jedes Satzes gibt es zwei **Arten von Pausen** im Vortrag: die Aufmerksamkeitspause (Spannungspause) und die Wirkungspause (Nachklingpause).

Die **Aufmerksamkeitspause** wird vor einer aus der Sicht des Vortragenden wichtigen und für die Zuhörer bedeutenden Aussage eingelegt. Sie dauert etwa 3 bis 5 Sekunden. Die Wirkung auf die Zuhörer soll die Erhöhung des Spannungselementes einer künftigen Aussage sein. Durch diese **Spannungspause** (kurze Unterbrechung des Wortflusses) werden die Zuhörer kurzfristig in ihrer Erwartung der Fortsetzung des bisherigen Sprachrhythmus unterbrochen. Dieser Effekt genügt in der Regel, um eine wichtige Botschaft des Vortragenden entsprechend im Vorfeld vorzubereiten. Dieses Stilelement sollte nicht ständig angewandt werden, da es sich sonst abschleift und der gewünschte Effekt nicht mehr erzielt werden kann.

Die zweite Stilpause ist die **Wirkungspause**. Sie folgt auf eine bedeutende Aussage, die durch die bereits erwähnte Spannungspause vorbereitet wurde. Durch diese etwa 3 bis 5 Sekunden dauernde Pause haben die Zuhörer die Möglichkeit, die Aussage – sozusagen im Nachhang zum soeben Ausgesprochenen – nochmals zu überdenken und in ihre bisherigen Erkenntnisse und Erfahrungen einzuordnen. Der Effekt, der dadurch erreicht wird, gibt dem Vortragenden die Möglichkeit, weitere darauf aufbauende, gegebenenfalls verstärkende Aussagen (Gedankengänge, Argumente) nachzureichen. Die Zuhörer bleiben dabei im gleichen Gedankenumfeld wie bisher.

Die **letzte Wirkungspause** ist die kurze Pause am Ende des Vortrages, bevor der Vortragende das Podium oder Sprechpult verlässt oder bevor der Übergang zur Diskussion durch den Vorsitzenden angekündigt wird. Diese letzte Wirkungspause signalisiert den Zuhörern das Ende des Vortrags. Die häufig anzutreffende und abgedroschene Floskel „Vielen Dank für Ihre Aufmerksamkeit!" wird daher auf diese Weise gänzlich überflüssig.

2.3.2.3 Blickkontakt

In den Ausführungen zum Stichwortmanuskript haben wir dessen Vorzüge gegenüber einem Wort-für-Wort-Manuskript deutlich herausgestellt. Aus diesem Grund gibt es auch keine Entschuldigung für Vortragende, das Publikum nicht anzusehen. Wer keinen Blickkontakt zu den Zuhörern hält, weiß nicht, wie sein Vortrag aufgenommen wird. Die Rückmeldung fehlt, und damit widerspricht diese Verhaltensweise dem Grundsatz des **Sender-Empfänger-Prinzips**.

In einer kleineren Runde ist das Halten des Blickkontakts meist kein Problem, da alle Zuhörer in einer ausreichenden **Sichtdistanz** sitzen und daher von Ihnen bewusst wahrgenommen werden können. Es wird empfohlen, im Laufe des Vortrages nicht mit einer oder einigen wenigen Personen Blickkontakt zu halten. Die anderen Zuhörer könnten sich aufgrund dieser Verhaltensweise benachteiligt fühlen. Es ist wichtig, dass Sie während Ihres Vortrages versuchen, mit allen Zuhörern gleichermaßen **Blickkontakt** zu halten. Ein Herumlaufenlassen des Auges wie ein gehetztes Wild sollte dabei vermieden werden. Die Zuhörer könnten den Eindruck erhalten, dass der Vortragende sich durch die Anwesenden verfolgt fühlt.

Im Falle einer großen Zuhörerschaft ist der Vortragstisch bzw. das Vortragspult meist erhöht auf einem Podium befindlich. Darüber hinaus wird der Raum etwas verdunkelt und die Vortragenden sowie der Vorsitzende besonders angestrahlt. Sie befinden sich dadurch in einer ähnlichen Situation wie ein Schauspieler auf einer Bühne. Auch dieser sieht sein Publikum nicht und muss trotzdem den Eindruck vermitteln, dass er sich an das Publikum wendet. Bei einem wissenschaftlichen Vortrag haben Sie zusätzlich das Problem, dass Sie meist audiovisuelle Hilfsmittel verwenden müssen. Trotzdem müssen Sie den Eindruck vermitteln, dass Sie sich zu jedem Zeitpunkt an die Zuhörer wenden und diese anschauen. Sie erreichen diesen Eindruck durch ein **M-förmiges Kursieren Ihres Blickes** in die für Sie kaum sichtbare Zuhörerschaft.

Das bedeutet, dass Sie zum Beispiel in der linken vorderen Ecke beginnen, dann mit Ihrem Blick zur linken hinteren Ecke, anschließend in die Mitte, weiters zur rechten hinteren und schließlich zur rechten vorderen Ecke wandern. Dann fangen Sie wieder von vorne an. Auf diese Weise haben alle Zuhörer den Eindruck, dass sie von Ihnen angesehen werden. Auch hier gilt es, einen gehetzten Blick, ähnlich einem Kaninchen vor der Schlange, zu vermeiden. Gerade jüngere Vortragende kennen entweder diese Technik nicht oder trauen sich nicht, diese einzusetzen. Die Folge ist das Hineinschauen in das Manuskript oder die ebenso schlechte Verhaltensweise des ständigen Starrens auf die Leinwand.

Im Falle eines Wort-für-Wort-Manuskriptes stellt der notwendige Blickkontakt eine große Herausforderung für den Vortragenden dar. Zum einen kommt es beim Manuskript oft auf jedes Wort an, zum anderen soll aber der Blickkontakt zu den Zuhörern aufrecht bleiben. Diese Quadratur des Kreises gelingt Ihnen nur dann, wenn Sie Ihr **Wort-für-Wort-Manuskript trainiert** haben und daher damit umzugehen verstehen. Dazu bedarf es ausreichender Gelegenheit zur Übung in der Vorbereitungsphase (beachten Sie bitte den dafür nötigen Zeitaufwand). Außerdem muss sich der Vortragende mit dem Inhalt identifizieren. Bei wissenschaftlichen Vorträgen kann zum Unterschied von den üblichen politischen Reden vom Letzteren ausgegangen werden. Trotzdem gilt die Empfehlung, ein Wort-für-Wort-Manuskript nur in Ausnahmefällen zu verwenden. Dieses stellt in keiner Weise eine Erleichterung der Vortragsaufgabe dar.

2.3.2.4 Körpersprache

Die Körpersprache ist jenes **Darstellungselement** eines Vortragenden, das meist unbewusst passiert. Bei Veränderungen der persönlichen Körpersprache, zum Beispiel, um Redeunarten zu vermeiden, kommt der Vortragende schon sehr in die Nähe der Schauspielkunst. Bei wissenschaftlichen Vorträgen können wir ausschließen, dass diese Annäherung intensiv erfolgt, weil in erster Linie der Inhalt und in zweiter Linie die Vortragsweise im Vordergrund stehen.

Es gibt eine beinahe unüberschaubare Literatur zur Körpersprache, die bis zur Pantomime geht. Wir beschränken uns in diesem Buch auf die wesentlichen Elemente der Körpersprache und die in diesem Zusammenhang zu beachtenden Grundsätze.

Die Körpersprache besteht aus den Elementen: Mimik, Gestik, Körperhaltung und persönliches Auftreten.

Die **Mimik** eines Vortragenden (sein Gesichtsausdruck) gibt Aufschluss über seine momentane Stimmungslage. Ein Training der Mimik wird wohl in aller Regel den Schauspielern vorbehalten bleiben. Das bereits Gesagte bezüglich der Kompatibilität zwischen Inhalt und Gesichtsausdruck bleibt aufrecht. Wer seine Mimik lediglich eingelernt an verschiedene Inhalte anpassen will, wird eher nicht authentisch auf die Zuhörer wirken. Der dem jeweiligen Vortragenden eigene Gesichtsausdruck sollte daher nicht zwanghaft verändert werden.

Beim Einsatz sinnvoller **Gestik** sollten einige Grundsätze beachtet werden. In den weiteren Ausführungen beschränken wir uns auf die Gestik, die durch die oberen Gliedmassen (Hände und Arme) bewirkt wird.

– Die Gestik der Hände und Arme sollte im Raum **zwischen Ihrer Hüfte und Ihren Schultern** passieren. Sie vermeiden so einerseits den Eindruck des „Verbergen-Wollens" unter der Gürtellinie und andererseits den allseitig bekannter Volksredner.

– Benützen Sie die Hände und Arme vor allem, **um konkrete Größenordnungen oder Zusammenhänge zu verstärken.** Es ist angebracht – insbesondere vor einem großen Zuhörerkreis –, die Größenangaben (durch die Hände und Arme) etwas deutlicher ausfallen zu lassen als in einem kleinen Kreis. Die wei-

ter hinten sitzenden Zuhörer sollen auch noch den richtigen
Größenaspekt erkennen können.

– Benützen Sie die **Hände zur Gestikgestaltung immer in of-
  fener Form**. Vermeiden Sie das Zusammenballen zu einer
  Faust – außer bei besonderen inhaltlichen Notwendigkeiten.
  Vermeiden Sie auch das Zeigen mit Ihrem Zeigefinger auf einzelne Zuhörer: Dies wirkt wie der Ausfallschritt beim Fechten
  und kommt einem direkten persönlichen Angriff nahe. Zeigen
  Sie daher möglichst mit der ganzen Hand in die von Ihnen gewünschte Richtung – und zwar mit der offenen Hand.

– **Vermeiden Sie das Hineinstecken einer oder beider Hände
  während des Vortrages in Ihre Hosentasche(n)**. Obwohl manche prominente Personen dies tun, sollten Sie auf diese betont
  lässige Geste während Ihres Vortrages verzichten.

– Eine **dauernde Gestik ist nicht notwendig**. Setzen Sie die Mittel
  der Gestik gezielt ein. Sie werden damit bei Ihren Zuhörern
  jene Inhalte verstärken können, die Ihnen wichtig erscheinen.
  Eine dauernde Gestik wirkt schnell lächerlich.

Üblicherweise ist die **Körperhaltung** eine über Jahre und Jahrzehnte
eingeprägte Verhaltensweise eines Menschen. Versuchen Sie nur
dann diese zu ändern, wenn Sie damit aufgrund von Rückmeldungen
oder eigener Beobachtung von Videoaufzeichnungen besonders un-
zufrieden sind.

Zum **persönlichen Auftreten** gehört in erster Linie die äußerliche
Erscheinung des Vortragenden. So wie der Zeitgeist sich verändert
(siehe Moderichtungen), so verändern sich auch die von einem
Vortragenden gewählten äußeren Erscheinungsbilder. Dies trifft
heute beide Geschlechter. Welche äußerliche Erscheinungsform
Sie wählen, bleibt letztlich Ihnen überlassen. Es gilt hier der allgemein gültige Grundsatz, dass jeder sich so kleiden soll, wie er sich
möglichst wohl fühlt. Die Frage der Anpassung an die Erwartungen
der Zuhörer oder der Organisatoren der Vortragsveranstaltung
ist eine persönliche, die jeder Vortragende für sich selbst beantworten muss. Die Ansichten gehen von einer totalen Anpassung
(bis zur völligen Aufgabe der vielleicht üblichen äußerlichen Erscheinung) zu einem bewusst provokativen Erscheinungsbild
eines Vortragenden durch absolut unübliche und „die Gemüter
aufregende" äußerliche Gestaltung.

Beachten Sie bei der Wahl der äußeren Gestaltung im internationalen Umfeld etwaige andere kulturelle Usancen.

In jedem Fall muss der Auftritt des Vortragenden authentisch sein.

2.3.2.5 Rhetorische Fragen und Schlagfertigkeit

Rhetorische Fragen sind Fragen, auf die der Fragesteller (Vortragender) keine Antwort von den Zuhörern erwartet. Die Zuhörer beantworten sich entweder diese automatisch selbst oder versuchen es zumindest. Der Vortragende gibt nach einer angemessenen Zeit oder Pause immer auch die Antwort auf die von ihm gestellte Frage. Die Frage wirkt auf die Zuhörer ungemein aktivierend, da sie zum Nachdenken angeregt werden. Besonders dann, wenn die eigene Antwort auf die Frage nicht mit der Antwort des Vortragenden übereinstimmt oder vielleicht den Zuhörern spontan gar keine Antwort eingefallen ist, entsteht ein besonders aktivierender Effekt.

Beispiele für rhetorische Fragen sind:

– „Welchen Nutzen haben wir in der Anwendung dieser neuen Substanz?
  Erstens ..., zweitens ...,".

– „Denken Sie, ich würde weiter meine Patienten so behandeln?
  Nein, meine Meinung ist ...".

– „Was ist die wichtigste Fähigkeit eines Vortragenden?
  Die wichtigste Fähigkeit ist ...".

Im Zusammenhang mit den rhetorischen Fragen, die nicht von allen Vortragenden eingesetzt werden, stellt sich die Frage nach der **Schlagfertigkeit** im Vortrag oder noch häufiger in einer anschließenden Diskussion. Schlagfertigkeit ist die Fähigkeit eines Vortragenden (Diskussionsteilnehmers), blitzschnell und mit verblüffender Wirkung zu reagieren. Dazu dienen Wortspiele oder Bilder, die unmittelbar einleuchten.

Im Folgenden sind einige Beispiele für **schlagfertige Antworten** auf häufig auftretende Aussagen (Argumente) dargestellt. Diese Liste kann nach Belieben gekürzt oder ergänzt werden.

– „Wir können doch nicht ständig alles verändern!
  Warum nicht? Wenn es doch sinnvoll und hilfreich ist.

Nur wenn wir etwas ändern, können wir uns weiterentwickeln.
Wer rastet, der rostet.
Nur Wasser in Bewegung bleibt frisch – stehendes Wasser wird schnell faul!"

– „Glauben Sie alles was die anderen sagen?
Nein, und deshalb glaube ich auch nicht, was Sie mir weismachen wollen.
Nein, aber ich höre mir andere Meinungen gerne mal an!
Ja, aber nur, wenn ich nicht mehr an mich selbst glaube."

– „Wer A sagt, muss auch B sagen!
Nein, muss er nicht, zumindest beweist er, dass er das Alphabet beherrscht.
Nein, wer lernfähig ist, muss nicht automatisch B sagen.
Wer mit A anfängt, könnte genauso gut mit B beginnen."

– „Das machen wir hier immer schon so!
Aber nicht, solange ich hier bin!
Das besagt nicht, dass es auch gut ist!
Stillstand ist Rückschritt!"

– „Ich glaube, Sie können keine Kritik ertragen.
Lassen wir Ihren Glauben, wenden wir uns lieber den Fakten zu.
Das glauben Sie nur, weil ich nicht Ihrer Meinung bin.
Glauben Sie es nur, oder wissen Sie es auch?"

– „Sie haben überhaupt keinen Humor!
Es bedarf wohl einigen Humors, um Ihre Argumentation zu ertragen.
Und Sie sind die Koryphäe auf dem Gebiet der Humorforschung!
Ja, ja, und Sie sind die Spaßkanone!"

– „Na, so schwer wird das nicht zu verstehen sein!
Wird es nicht – ist es aber!
Sie haben es ja offensichtlich auch verstanden.
Wenn es einem richtig erklärt wird, bestimmt nicht."

Da schlagfertige Antworten auch verletzen können und nicht immer der sachlichen Argumentation dienen, ist ihr Einsatz im Rahmen eines wissenschaftlichen Vortrages selten gerechtfertigt.

2.3.2.6 Wiederholungen

Gezielte **Wiederholungen verdeutlichen Ihren Zuhörern, welche Aussagen und Inhalte Ihres Vortrags besonders wichtig sind**. Die wiederholten Aussagen werden leichter im Gedächtnis behalten. Setzen Sie aber Wiederholungen **eher sparsam** ein. Wer besonders viele Punkte mittels Wiederholung hervorhebt, der hebt tatsächlich keinen hervor. Die Zuhörer können die Punkte aufgrund der häufigen Hervorhebungen (Wiederholungen) nicht mehr aufnehmen. Der gegenteilige Effekt tritt ein: Die Aufmerksamkeit der Zuhörer lässt nach.

Wiederholungen werden an folgenden Punkten im Vortrag sinnvoll eingesetzt:

- **Zur Orientierung** werden Wiederholungen deswegen eingesetzt, damit die Zuhörer den roten Faden behalten.

- **Beim Übergang** zu anderen Punkten bildet die Wiederholung die Gewähr, dass der Gedankengang des Vortragenden in den neuen Abschnitt hineintransportiert wird. Der gedankliche Zusammenhang wird auf diese Art hergestellt und verstärkt.

- Wiederholungen werden gelegentlich dann eingesetzt, um einen **Wiedereinstieg** jener Zuhörer zu ermöglichen, die gerade nicht bei der Sache sind oder dem vorhergehenden Abschnitt gedanklich nicht gefolgt sind.

- Verwendet ein Vortragender bestimmte **Schlüsselbegriffe**, um seine Aussagen zu fokussieren und die Kernaussagen den Zuhörern intensiv einzuprägen, dann bieten sich Wiederholungen von Schlüsselbegriffen als Verstärker an.

- **Erklärungen von nicht vertrauten Begriffen** müssen gegebenenfalls wiederholt werden, um sicherzustellen, dass die Zuhörer nicht mangels Kenntnis und Verständnis das Interesse am Vortrag verlieren. Noch besser ist es daher, allgemein verständliche Begriffe zu verwenden.

- **Bei Abkürzungen**, die nicht alle Zuhörer kennen, gilt die gleiche Aussage wie bei nicht vertrauten Begriffen. Es dürfen im Vortrag nur jene Abkürzungen ohne weitere Erklärung verwendet werden, die unzweifelhaft bekannt sind. Alle anderen müssen im Vortrag (erforderlichenfalls mehr als einmal) erklärt werden.

2.3.2.7 Auflockerung

„Wer viel schießt, ist noch kein Schütze, wer viel spricht, ist noch kein Redner (Vortragender)."

Dieses Sprichwort von Kung-Fu-Tse (Konfuzius) sagt aus, dass **nicht die Quantität, sondern die Qualität des Gesagten** einen guten Vortragenden ausmacht. Andererseits kann die ausschließliche Darstellung von wissenschaftlichen Tatsachen eine an Trockenheit nicht mehr zu überbietende Angelegenheit sein. In diesem Fall werden auch die meisten Zuhörer das Ende herbeisehnen und den vielleicht interessanten Inhalt des Vortrages nicht aufnehmen. Gerade der wissenschaftlich Vortragende ist daher eingeladen, seine oft trockenen Ausführungen durch qualifizierte Aussagen aufzulockern.

Folgende Möglichkeiten, die auch kombiniert eingesetzt werden können, stehen dem Vortragenden dabei grundsätzlich zur Verfügung.

Einsatz von Zitaten und Sprichwörtern

Zitate signalisieren häufig eine gute Vorbereitung des Vortragenden und machen den Vortrag plastischer. Gezielt eingesetzt bringen Sprichwörter auch komplexe Überlegungen auf den Punkt und sind für die Zuhörer leichter nachvollziehbar. Werfen Sie aber nicht allzu sehr mit Zitaten um sich. Dies langweilt die Zuhörer, und die Wirkung des einzelnen Zitates geht dabei verloren.

Verwenden von Praxisbeispielen und Einzelfällen

Bei der Vermittlung von wissenschaftlichen Inhalten kann die Darstellung eines praktischen (Anwendungs-)Beispiels jenen Zuhörern, die eher praktisch orientiert sind, helfen, sich ein genaues Bild zu machen. Diese werden dann später versuchen, Ihre Vorschläge auch in deren Praxis umzusetzen. Machen Sie sich daher vor dem Vortrag Gedanken dazu, welche Beispiele Sie bringen wollen. Das pure Erzählen von (selbst erlebten) Geschichten sollte unterbleiben. Nur der gezielte Einsatz von **praktischen Beispielen** bringt auch den gewünschten Nutzen. Bitte denken Sie dabei an den Grundsatz: **„Weniger ist mehr."**

Einsatz einer bildhaften Sprache

Eine bildhafte Sprache führt dazu, dass die Zuhörer die von Ihnen dargestellten Zusammenhänge mit einem bestimmten Bild assoziieren und dadurch besser in Erinnerung behalten. Die bildhafte Sprache ist allgemein verständlich. Bilder besitzen eine größere Anschaulichkeit als Worte und beeinflussen das Denken Ihrer Zuhörer nachhaltig.

Handlungsappelle

Mit Ihrem Vortrag verfolgen Sie konkrete Ziele, die wir hinlänglich dargelegt haben. Wenn Sie Ihren Zuhörern gezielte Hinweise oder Vorschläge für bestimmte Situationen geben, dann werden Ihnen die Zuhörer eher folgen, als wenn Sie unverbindlich bleiben. Appelle sollen am Ende Ihres Vortrages eingesetzt werden. Manchmal ist ihr Einsatz auch während des Vortrages sinnvoll.

Stellen rhetorischer Fragen

Zu den rhetorischen Fragen gilt das unter Punkt 2.3.2.5 Gesagte.

Persönliches Ansprechen der Zuhörer

Wenn Sie während Ihres Vortrages einzelne Zuhörer oder Zuhörergruppen gezielt persönlich ansprechen, so fühlen sich nicht nur diese Personen angesprochen. Es tritt ein Solidarisierungseffekt ein. Auch andere Zuhörer identifizieren sich mit den angesprochenen Personen. Doch sollten Sie dann **Vorsicht** walten lassen, wenn Sie keine oder keine ausreichenden Informationen über die Zuhörergruppe haben. In diesem Fall unterlassen Sie die persönliche Ansprache, weil sie kontraproduktiv wird und eher eine **Verärgerung** beim Betroffenen auslöst. Mit einer persönlichen Ansprache soll immer eine Aufwertung der betreffenden Person oder Personengruppe einhergehen.

Einsatz von Humor

Ein gewisses Maß an Humor kann aktivierend und auflockernd sein. Für humoristische Zwecke kann auch manche sprachliche

Formulierung oder die Nutzung einer Situationskomik herangezogen werden. Wenn es zu Ihrem Vortrag passt, spricht nichts dagegen, wenn Sie Ihre Zuhörer zum Schmunzeln bringen.

Sie müssen aber gegebenenfalls in Kauf nehmen, dass Ihre humorvolle Bemerkung nicht verstanden wird und dass keiner im Saal dadurch erheitert wird. Vor allem, wenn Sie nervös sind, wird jeder Versuch, die Zuhörer zu unterhalten, verkrampft wirken. Wenn Sie ein solcher humoristischer Misserfolg aus dem Konzept bringt, dann verzichten Sie lieber darauf.

Erzählen Sie keine Witze, schon gar nicht Witze zu Lasten irgendwelcher Personen oder Personengruppen. Dies gilt auch für jene, die nicht anwesend sind, da Sie nicht einschätzen können, ob nicht Anwesende freundschaftliche Kontakte zu eben diesen Personengruppen haben. Mit Ausnahme Ihrer Person darf niemand Betroffener einer humorvollen Aussage sein. Es gilt daher der **Grundsatz:**

> **Niemals auf Kosten eines Zuhörers humorvoll sein wollen!**

Die Zuhörer überraschen

Da etwas Unerwartetes immer anregend sein wird, setzen Sie überraschende Untersuchungsergebnisse, Tests, ungewöhnliche Bilder oder Darstellungen bzw. sonst etwas Neues in Ihrem Vortrag ein. Überraschungen haben häufig bei den Zuhörern einen Aha-Effekt und bringen Spannung in Ihren Vortrag. Setzen Sie diese Effekte gezielt an jenen Stellen Ihres Vortrages ein, an denen Ihre Zuhörer aufgrund des Themas Ihres Vortrags oder vielleicht der Tageszeit erfahrungsgemäß einen „Durchhänger" haben können.

2.4 Einbeziehung der audiovisuellen Hilfsmittel

Wie bereits erwähnt sollen audiovisuelle Hilfsmittel dem Vortragenden helfen, seine „Botschaft" besser an die Zuhörer zu transportieren. Getreu dem Motto „Ein Bild sagt mehr als 1000 Worte" ist der **Einsatz audiovisueller Hilfsmittel grundsätzlich zu empfehlen**. Voraussetzung dafür ist die sachgemäße Verwendung der Hilfsmittel, eine funktionierende Technik sowie eine maßvolle Anwendung (ein maßvoller Einsatz) im Vortrag.

Sie müssen sich beim Einsatz audiovisueller Hilfsmittel grundsätzlich darüber im Klaren sein, dass Sie zu den audiovisuellen Hilfsmitteln in einem **Konkurrenzverhältnis** stehen. Wenn die Zuhörer die Grafiken, Fotografien, Diagramme usw. sehen, dann wird sich deren Interesse auf diese **Folien** (Bilder) richten. Sie als Vortragender geraten damit in den Hintergrund. Je mehr Sie also audiovisuelle Hilfsmittel einsetzen, desto mehr werden Sie, freiwillig oder nicht, zur **Randfigur**, die versucht, mit den projizierten Bildern Schritt zu halten.

Dieser Effekt wird bei **automatisch ablaufenden Projektionen** verstärkt, da der Vortragende in diesem Fall nicht einmal das Tempo des Vortrages steuern kann. Er wird hier praktisch zum „technischen Operateur der Bilderfolge". Die Koordination des Tempos des Präsentationsprogramms mit dem Tempo des Vortragenden ist schwer möglich. Bei schnellerer Bilderfolge passiert es immer wieder, dass der Vortragende seine Erläuterungen zum aktuellen Bild vor dem Erscheinen des nächsten noch nicht beendet hat. Bei einer langsameren Bilderfolge muss er die Zeit bis zum nächsten Bild „künstlich" überbrücken.

Vergessen Sie bitte nicht, dass für einen erfolgreichen Vortrag Ihre Person als Vortragender im Mittelpunkt der Informationsvermittlung stehen muss. Sie müssen mit den Zuhörern interagieren. Wie Sie diese Aufgabe trotz der Konkurrenz mit den audiovisuellen Hilfsmitteln lösen können, wird im Folgenden erklärt.

2.4.1 Integration des Gezeigten in das Gesprochene

Wesentliche Aspekte, die Sie bei der Integration der audiovisuellen Hilfsmittel in das Gesprochene beachten sollten, sind:

- Folientitel festlegen
- Schlüsselwörter auswählen
- Folieninhalt kennen
- Nächste Folie ankündigen
- Projektionszeit für die Folien festlegen.

Folientitel festlegen

Jede Folie sollte einen **unverwechselbaren Titel** aufweisen. Wählen Sie den Titel der Folie so, dass er den Inhalt der Folie markant bezeichnet und dass Sie den Titel leicht in einem gesprochenen Satz einbauen können.

Schlüsselwörter auswählen

Mit der Auswahl der Schlüsselwörter treffen Sie gleichzeitig Ihre Auswahl in Richtung Ihrer Kernaussagen. Schlüsselwörter haben die Aufgabe, die wesentlichen Inhalte Ihres Vortrags in der Erinnerung der Zuhörer zu verankern. Wenn Ihre Folien dieselben Schlüsselwörter enthalten, die Sie bei der mündlichen Erklärung der Folien verwenden, wird ein **Konnex zwischen Ihrer Person und dem projizierten Bild** hergestellt.

Folieninhalt kennen

Ein Konnex zwischen dem Gesprochenen und dem Gezeigten entsteht ebenfalls, wenn Sie in der Lage sind, eine **Folie mit wenigen prägnanten Sätzen zu kommentieren oder zu erklären**. Das setzt natürlich die genaue Kenntnis der Folien voraus. Selbst perfekt gestaltete Folien bedürfen der Erklärungen des Vortragenden. Da Sie sich mit der Vorbereitung der Folien in der Regel beschäftigt haben, besitzen Sie einen Informationsvorsprung, den Sie ausnützen sollten, um die Zuhörer auf die wichtigen Folieninhalte aufmerksam zu machen.

Manche Vortragende lassen ihre Folien von Mitarbeitern vorbereiten und zusammenstellen. In diesen Fällen ist das genaue Studium der Folien vor dem Vortrag unumgänglich notwendig, um nicht Gefahr zu laufen, dass manche Zuhörer den Inhalt der einen oder anderen Folie schneller erfassen als der Vortragende selbst.

Nächste Folie ankündigen

Gestalten Sie die Übergänge zwischen den Folien harmonisch. Wenn Sie den Inhalt der nächsten Folie ankündigen, bevor diese auf der Leinwand erscheint, bringen Sie die Zuhörer dazu, vorübergehend nur auf das Gesprochene zu achten. Sie machen außerdem unbewusst deutlich, dass Sie einen Informationsvorsprung haben und dass es sich daher lohnt, Ihnen zuzuhören.

Als mögliches stilistisches Element für die Ankündigung der nächsten Folie kann gelegentlich eine rhetorische Frage dienen.

Projektionszeit für die Folien festlegen

Achten Sie auf eine ausreichend lange Projektionszeit jeder einzelnen Folie. Sie laufen sonst Gefahr, im Konkurrenzkampf mit den audiovisuellen Hilfsmitteln „sang- und klanglos" unterzugehen. Sie werden sogar von den Zuhörern als Störfaktor empfunden, der sie durch verfrühtes Abrufen der nächsten Folie beim Studium der Bilder stört.

Niemand kann konzentriert lesen und gleichzeitig zuhören. Daher muss den Zuhörern genügend Zeit für das Verständnis der Folie gegeben werden. Die ersten 5 bis 10 Sekunden benötigen die Zuhörer für die Aufnahme der Folie.

Die **unterste Grenze** der **Darbietungszeit** (auch Standzeit genannt) hängt von der Komplexität der Folie ab und kann daher nicht allgemein empfohlen werden. Die Abfolge der Bilder soll natürlich nicht so schnell sein, dass aus stillen Folien bewegte Bilder entstehen.

Als **Obergrenze** wird eine Zeit von maximal 2 Minuten empfohlen. Folien, für deren Erklärung Sie mehr als 2 Minuten benötigen, sind mit Informationen überladen. In diesem Fall ist es besser, diese Folie durch zwei oder drei inhaltlich weniger überladene Folien zu ersetzen.

Wenn Sie Ihre Folien zum Beispiel im Minutentakt zeigen, dann bedeutet dies keineswegs, dass Sie jede Folie unbedingt eine Minute lang zeigen sollen. Sie können die Darbietungszeit durchaus kürzer wählen und die Gelegenheit nützen, um ab und zu ohne Folie zu sprechen.

Wenn Sie vorübergehend über etwas sprechen, das keine visuelle Unterstützung braucht, dann lassen Sie nicht die zuletzt projizierte Folie auf der Leinwand stehen. Sie lenkt von Ihren Worten ab. Verwenden Sie zur Überbrückung dieser folienlosen Zeit eine **Leerfolie** (siehe Punkt 3.3.2.2.4).

2.4.2 Verwendung von Zeigehilfen

Gute Folien sind nicht vollständig selbsterklärend, sondern bedürfen des Kommentars des Vortragenden, um verstanden zu werden. Die **Bildführung** mit Zeigehilfen ist nicht nur bei vielen Folien unerlässlich, sie ist auch ein Mittel der Integration des Gezeigten in das Gesprochene.

Nur in kleinen Vortragsräumen und bei kleinen Projektionsflächen ist die Benutzung des **Zeigestabes** ein adäquates Hilfsmittel zur Bildführung. Die Projektionsfläche darf darüber hinaus nicht weiter entfernt sein als die Reichweite des Zeigestabes.

In den überwiegenden Fällen wissenschaftlicher Vortragstätigkeit kommt heute der **Lichtzeiger** (Lichtpfeil, Laserpointer) zur Anwendung. Mit dem Lichtzeiger werfen Sie eine Lichtmarke (zum Beispiel einen Pfeil oder Punkt) auf die Projektionsfläche. Um zu gewährleisten, dass diese Lichtmarke auch vor dem hellen Hintergrund einer Folie gut erkennbar ist, muss sie ausreichend leuchtstark sein. Idealerweise ist sie auch farbig, um sich noch besser vom Hintergrund abzuheben. Als Lichtzeiger gibt es im entsprechenden Fachhandel Modelle mit Batteriebetrieb oder netzbetriebene Modelle. Achten Sie bitte bei der ersten Gruppe auf die Bereitstellung von Ersatzbatterien und bei der zweiten Gruppe auf ein ausreichend langes Netzkabel.

Um auf den gewünschten Punkt der Folie zu zeigen, ist eine ruhige Führung des Lichtzeigers notwendig. Üblicherweise sind Sie aber einige Meter von der Projektionsfläche entfernt. Dies bedeutet, dass jede kleinste Zuckung Ihrer Hand oder Ihres Armes sowie ein unkontrolliertes Bewegen Ihres Körpers die Lichtmarke zum Tanzen bringt. Jedes nervöse Zittern Ihrer Hand erscheint mehrfach verstärkt und für alle Zuhörer ersichtlich auf der Leinwand. Das Zittern verrät nicht nur Ihre Gemütslage (ähnlich einem Lügendetektor), es verhindert **das präzise Zeigen**.

Um das zu verhindern, **stützen Sie Ihre Hand** (wie ein Sportschütze) auf das Rednerpult oder auf Ihren seitlichen Rumpf. Wenn Sie trotzdem noch zittern, dann versuchen Sie nicht, punktgenau zu zeigen, sondern **umkreisen** Sie die relevante Stelle der Folie. Das bedeutet aber nicht, dass Sie die Zuhörer verwirren, indem Sie mit fahrigen Bewegungen große Bereiche der Folie mehrmals umkreisen.

Fuchteln Sie nicht mit dem Lichtzeiger herum! Sie könnten dabei die Zuhörer blenden. Achten Sie deshalb darauf, dass Sie den Lichtzeiger ausschalten, wenn Sie ihn nicht verwenden.

Zeigen Sie nicht ständig auf Ihre Folien! Setzen Sie den Lichtzeiger gezielt und sparsam ein. Ein ständig verwendeter Lichtzeiger wird von den Zuhörern kaum mehr beachtet und verliert damit seine Wirkung.

Bei der computerunterstützten Projektion kann statt eines Lichtzeigers die **Computermaus als Zeigehilfe** verwendet werden.
Der Vorteil des Zeigens mit der Maus ist, dass Sie dabei auf den
Bildschirm blicken und sich mit dem Körper nicht vom Publikum
abwenden müssen. Der (vielleicht mehr ins Gewicht fallende)
Nachteil ist der fehlende *sichtbare* Konnex zwischen Ihrer Person
und den Folien auf der Leinwand.

Im Falle der Verwendung von **Overheadfolien** (Tageslichtfolien)
kann alternativ zum Lichtzeiger ein im Handel erhältlicher, **flacher
und transparenter, linealartiger Zeiger mit pfeilartiger Spitze** eingesetzt werden. Zur ruhigen Führung dieses transparenten Zeigers
legen Sie diesen auf die Glasfläche des Overheadprojektors. Wenn
Sie statt des lichtdurchlässigen Zeigers einen Bleistift verwenden,
legen Sie diesen vom Folienrand her nach innen gerichtet so auf
die beleuchtete Fläche des Projektors, dass der Inhalt der Folie
möglichst nicht abgedeckt wird.

2.4.3 Raumbeleuchtung

Grundsätzlich wird zwischen **Hellraum- und Dunkelraumprojektion** unterschieden. Bei der Hellraumprojektion ist der Vortragssaal
entweder durch Tageslicht oder durch eine künstliche Lichtquelle
mehr oder minder stark beleuchtet. Bei der Dunkelraumprojektion
ist der Projektor die einzige Lichtquelle.

> **Kein Vortragsraum sollte stärker abgedunkelt sein, als es unbe-
> dingt erforderlich ist!**

Einerseits müssen die Details auf den Folien für die Zuhörer leicht
erkennbar und erfassbar sein. Andererseits muss der Raum hell
genug sein, um einen Blickkontakt zu den Zuhörern (zumindest
in der ersten Reihe) zu ermöglichen. Ein heller Raum bietet außerdem für die Zuhörer die Möglichkeit, Notizen zu machen.

Eine vollständige Abdunkelung des Raumes ist bei den meisten
Projektoren nicht erforderlich.

Kapitel 3
Visuelle Hilfsmittel

Visuelle Hilfsmittel sind alle durch sichtbare Darstellung von Information zur Unterstützung des Vortrages verwendeten Mittel. Die Bandbreite reicht von einer an einer Wandtafel handgeschriebenen Zeile bis zur projizierten Sequenz eines Videofilmes.

> **Die Auswahl und Gestaltung der visuellen Hilfsmittel ist für den Erfolg des wissenschaftlichen Vortrages ausschlaggebend.**

3.1 Funktion

Visuelle Hilfsmittel sind ein integraler Bestandteil des wissenschaftlichen Vortrages und in den meisten Disziplinen unverzichtbar. Datenreihen, Formeln und komplexe Versuchsanordnungen können nur mittels graphischer Darstellung vermittelt werden.

Visuelle Hilfsmittel dienen der

– **Veranschaulichung** (z. B. elektronenmikroskopische Aufnahmen)
– **Verdeutlichung** (z. B. ein Liniendiagramm, das eine bestimmte Entwicklung zeigt)
– **Vereinfachung** (z. B. die skizzenhafte Darstellung eines Experimentes)
– **Betonung** (z. B. eine Abschlussfolie mit den wichtigsten Punkten des Vortrages).

Durch Visualisierung wird die vorgetragene Information besser im Langzeitgedächtnis aufgenommen. Lernpsychologische Untersuchungen zeigen, dass lediglich nur 10% vom Gehörten und 20% vom Gesehenen im Gedächtnis gespeichert werden. Bei einer gelungenen Integration von visuellen Hilfsmitteln in einem Vortrag merkt sich der Zuhörer aber bis zu 50% der mitgeteilten Information.

Das **Ziel bei der Gestaltung der visuellen Hilfsmittel ist die klare und schnelle Informationsvermittlung**. Sie dienen dazu, den Vortrag zu unterstützen und nicht durch farbenfrohe Spielereien von dessen Inhalt abzulenken. Die Verständlichkeit hat Vorrang vor der Schönheit, schließt sie aber keinesfalls aus. Jede Ablenkung oder Verwirrung des Zuhörers und jede Verzerrung bei der Veranschaulichung der Daten ist zu vermeiden.

Häufige Fehler:

Viele Vortragende setzen visuelle Hilfsmittel nicht sinngemäß ein.

– Bereits **vorhandenes Bildmaterial wird als Grundlage für den Aufbau des Vortrages verwendet**; d. h., die visuellen Hilfsmittel bestimmen den Inhalt des Vortrages. Diese Unsitte war besonders in der Zeit ziemlich verbreitet, in der die Diaprojektion sehr gängig war. Da die Herstellung von Diapositiven relativ mühsam war, wurde der Vortrag oft auf dem bereits vorhandenen Bildmaterial basierend zusammengestellt. Auf diese Weise entstandene Vorträge sind holprig und weisen zwangsläufig strukturelle Mängel auf. Gestalten Sie daher Ihre Bilder so, dass sie Ihre Ausführungen unterstützen.

– In der Ära der Computerprojektion ist es viel einfacher geworden, Folien zu erstellen. Als Folge davon wird wiederum oft **zu viel, vor allem an Text**, projiziert.

– Das Gezeigte soll das Gesprochene ja nicht ersetzen! Sonst wird der Vortrag zu einer Posterpräsentation und der Vortragende zu einer nahezu überflüssigen Randfigur. Mehr oder weniger automatisch ablaufende Folienshows sind aus diesem Grund bei wissenschaftlichen Vorträgen kaum angebracht.

Auf den folgenden Seiten dieses Kapitels wird die zweckmäßige Gestaltung von visuellen Hilfsmitteln geschildert, damit die gezeigte Information die vorgetragene Information effektiv unterstützt.

3.2 Audiovisuelle Medien

Dem Vortragenden stehen mehrere Medien für die Vermittlung von Information in Bild und Ton zur Verfügung. Diese audiovisuellen

Medien werden bei den meisten wissenschaftlichen Tagungen vom Veranstalter bereitgestellt. Die Wahl des Mediums hängt von der Größe des Vortragssaales, der Anzahl der Teilnehmer, der zu vermittelnden Information und den zur Verfügung stehenden Geräten ab.

Es gibt kein Medium, das für alle Anlässe ideal geeignet ist. So ist ein Flip-Chart für eine formelle Tagung mit einer größeren Anzahl von Teilnehmern ungeeignet, für kleinere Arbeitsgruppen hingegen ein nützliches Medium. Bei großen Tagungen ist die computerunterstützte Projektion das heutzutage gebräuchlichste Medium, gefolgt von der allerdings rasch an Bedeutung verlierenden Diaprojektion.

3.2.1 Computerunterstützte Projektion

Bei der computerunterstützten Projektion werden die Daten eines Computers (meist mit einer Präsentationssoftware erstellte Folien) mit Hilfe eines Datenprojektors auf einer Leinwand wiedergegeben.

Vorteile

– Die computerunterstützte Projektion hat den wissenschaftlichen Vortrag revolutioniert und bei Kongressen die Diaprojektion weitgehend verdrängt.

– Die Folien sind mit einem Präsentationsprogramm **leicht zu erstellen**, und Sie sind nicht auf die Hilfe eines professionellen Fotografen angewiesen.

– Der Inhalt der Folien kann bis kurz vor dem Vortragstermin vom Vortragenden selbst geändert werden.

– **Computeranimationen** machen, sofern sie sparsam und sinnvoll eingesetzt werden, den Vortrag lebendiger und interessanter.

– Videosequenzen (wie einzelne Schritte eines chirurgischen Eingriffes) oder Tonaufnahmen können nahtlos in die Präsentation eingebaut werden. Mit solchen **Multimediapräsentationen** wird eine andere Dimension der wissenschaftlichen Informationsvermittlung erreicht.

– Die neue Generation von Datenprojektoren ist aufgrund ihrer
  Lichtstärke und der hohen Bildauflösung sowohl für den Einsatz
  bei kleinen als auch bei großen Tagungen geeignet. Anders als
  bei den Diaprojektoren ist für eine gute Lesbarkeit des Bildes
  eine übertrieben starke Abdunkelung des Vortragssaales nicht
  erforderlich.

Nachteile

– Trotz aller Vorteile ist die computerunterstützte Projektion ein
  technisch anspruchsvolles Verfahren. Pannen werden zwar immer seltener, sind aber nicht unmöglich. Meist handelt es sich
  um Probleme mit der Kompatibilität der Soft- oder Hardware.
  So kommt es noch immer vor, dass die vom Veranstalter verwendete Software nicht alle Animationen oder Schriften unterstützt. Auch Videosequenzen lassen sich während des
  Vortrages nicht immer problemlos starten.

– Ein weiterer Nachteil ist, dass Sie als Vortragender die nächste
  Folie nicht vor den Zuhörern sehen können. Sie können daher
  die Übergänge zwischen den Folien nur dann harmonisch gestalten, wenn Sie sich die Reihenfolge der Folien merken.

– Das **Überspringen von Folien,** ohne dass diese auf die Leinwand
  projiziert werden, ist zwar mit Hilfe des „Foliennavigators"
  des Präsentationsprogramms möglich, es ist aber umständlich
  und erfordert ein gutes Manuskript, in dem die Nummern der
  Folien vermerkt sind.

Hinweise und Tipps für die Praxis

Um das Auftreten von Pannen bei der computerunterstützten
Projektion zu verhindern beziehungsweise um für solche Fälle ge-
rüstet zu sein, beachten Sie bitte folgende Punkte:

– Berücksichtigen Sie etwaige **Vorgaben des Tagungsveranstalters**
  bereits in der Vorbereitungsphase. Ist die Verwendung eines
  tragbaren Computers erlaubt oder müssen alle Vorträge auf
  Datenträger überreicht werden? Welche Betriebssysteme beziehungsweise Präsentationsprogramme werden unterstützt?

– Um die Präsentation auf einem anderen Computer problemlos
  ausführen zu können, müssen alle verknüpften Dateien (wie

Bilder, Videos, aber auch besondere Schriftarten) gemeinsam
mit der Präsentation **auf demselben Datenträger** gespeichert
werden.

– Bei der Speicherung der Bilder ist die **Auflösung** in Pixel (engl.
Abkürzung für „Picture element", bezeichnet den kleinsten dar-
stellbaren Bildpunkt) so zu wählen, dass sie der Auflösung des
Projektors entspricht. Eine kleinere Auflösung führt zu sicht-
baren Verlusten in der Darstellungsqualität. Die Darstellung
von Bildern, deren Auflösung deutlich höher ist als die des
Datenprojektors, ist hingegen problemlos. Allerdings nimmt
dann die Speichergröße der Präsentationsdatei zu und die
Geschwindigkeit, mit der das Präsentationsprogramm die
Bilder aufbaut, ab.

– Bei wissenschaftlichen Vorträgen in einem kleinen Kreis ist
meist kein bewanderter Projektionstechniker in der Nähe. Um
in solchen Situationen den Tücken der Technik nicht vollständig ausgeliefert zu sein, ist es empfehlenswert, von den ent-
scheidenden Folien der Computerpräsentation **Reserve-Over-
headfolien** zu drucken. Mit Hilfe eines Overheadprojektors (in
den meisten Vortragssälen vorhanden) kann dann der Vortrag
trotzdem gehalten werden. Bei einem kleinen Zuhörerkreis
können im Ernstfall die Folien auch auf Papier kopiert und als
Handout verteilt werden.

3.2.2 Diaprojektion

Die Projektion von Diapositiven (zu durchscheinenden Positiven
entwickelte fotografische Bilder) war früher das meist verbreitete visuelle Medium bei wissenschaftlichen Kongressen. Mit der
Einführung der computerunterstützten Projektion hat aber die
Diaprojektion viel von ihrer früheren Beliebtheit eingebüßt.

Vorteile

– Einer der wenigen noch gültigen Vorteile der Diaprojektion
ist die **Verfügbarkeit des Bildmaterials.** Wer aus früherer Zeit
viele Bilder in Form von Diapositiven besitzt, wird gelegentlich auf diese Projektionsform zurückgreifen, um rasch aus
dem vorhandenen Material einen Vortrag zusammenzustellen.
Das Digitalisieren von Diapositiven für die Anwendung einer

computerunterstützten Projektion ist zeitaufwendig und kann mit sichtbaren Qualitätsverlusten der Bilder verbunden sein.

- Diaprojektoren sind noch immer in vielen Vortragssälen vorhanden und sind derzeit preislich deutlich günstiger als Datenprojektoren.

Nachteile

- Der größte Nachteil der Diaprojektion ist, dass diese bei großen Tagungen von der Computerprojektion weitgehend verdrängt worden ist und vom Tagungsveranstalter **immer seltener zugelassen** wird.

- Abgesehen davon war die Diaprojektion für den Wissenschaftler immer ein **unhandliches Medium**. Die Herstellung der Diapositive ist technisch aufwendig. Eine Änderung des Bildinhaltes ist kurz vor dem Vortragstermin nicht möglich. Die Reihenfolge der Diapositive kann während des Vortrages nicht geändert werden. Bilder können während des Vortrages nicht übersprungen werden, ohne dass der Zuschauer die Planänderung bemerkt.

- Schließlich erfordert die Diaprojektion eine **stärkere Abdunkelung** des Vortragssaales.

Hinweise und Tipps für die Praxis

- Textdias und Diagramme werden heute am einfachsten **mit einer Präsentationssoftware digital hergestellt**. Mit der Hilfe eines Dia-Belichters können dann die digitalen Daten im Fotohandel oder in einem Reprozentrum auf Diapositive übertragen werden.

- Die Außenabmessung der verwendeten Diarahmen beträgt allgemein 5 × 5 cm. Die verwendete **Rahmendicke** ist regional unterschiedlich. Im deutschsprachigen Raum sind 3 mm dicke Rahmen gebräuchlich, in den USA werden dünnere Rahmen verwendet. Durch diese Unterschiede kommt es bei internationalen Tagungen immer wieder vor, dass Diapositive im Projektor bzw. im Magazin stecken bleiben. Das kann durch die Verwendung von 2 mm dicken Rahmen, eine für alle Magazine und Projektoren anwendbare Zwischengröße, weitgehend verhindert werden.

- Die Dias werden so eingerahmt, dass die weiße Seite nach vorne zur Projektorlampe zeigt. Sie werden dann um 180° gedreht (auf den Kopf gestellt), aber nicht spiegelverkehrt im Magazin eingereiht.

- Lassen Sie bei Schlittenmagazinen die erste Position im Magazin leer. Damit verhindern Sie, dass beim Abrufen des ersten Bildes durch versehentliche Betätigung des Rücklaufschalters das Magazin aus dem Projektor herausrutscht und die Dias auf den Boden fallen.

- Eine **genaue Markierung** der Diarahmen ist wichtig. Sie ermöglicht Ihnen und dem Projektionstechniker das schnelle Einordnen von versehentlich durcheinander geratenen Diapositiven. Die Diarahmen werden so gehalten, wie sie im Magazin eingeschoben werden, und am rechten oberen Rand mit einem weichen radierbaren Bleistift nummeriert. Die Nummerierung kann auch auf einem kleinen farbigen Klebeetikett erfolgen. Auf diese Weise können Sie mit einem Blick feststellen, ob alle Diapositive richtig im Magazin eingeordnet worden sind. Bei einer Doppelprojektion kann mit verschiedenen Etikettenfarben oder dem Buchstaben „r" oder „l" die jeweilige Seite markiert werden. Durch das Vermerken Ihres Namens auf dem Rahmen des ersten Dias wird bei Tagungen das Wiederfinden verlegter oder vergessener Magazine erleichtert.

- Bei Glasdias kann durch die Entstehung von bunten **Newtonringen** das projizierte Bild verzerrt werden. Die Ringe werden durch einen hauchfeinen Feuchtigkeitsfilm verursacht, der sich aufgrund von Kondensation entwickelt. Um deren Entstehung zu verhindern, halten Sie die Dias trocken und wärmen diese vor der Projektion bei Raumtemperatur auf.

- Die Diaprojektion erfordert eine starke Abdunkelung des Raumes. Schalten Sie die Raumbeleuchtung nicht vollständig aus, um den Blickkontakt mit den Zuhörern aufrechtzuerhalten. Der Vortragssaal darf nur so viel, wie für die Erkennbarkeit der Bilder unbedingt erforderlich ist, abgedunkelt werden.

- Die **Doppelprojektion** von Diapositiven war eine Zeit lang bei Kongressen sehr beliebt. Durch die Verwendung von zwei Diaprojektoren können zwei Bilder gleichzeitig gezeigt und gut verglichen werden (z. B. ein Röntgenbild vor und nach einem therapeutischen Verfahren). Eine Doppelprojektion kann auch durch ständiges Sichtbarmachen der Gliederung des Vortrages auf einer Leinwandhälfte die Orientierung der Zuhörer erleichtern.

– Schieben Sie bei der Doppelprojektion beide Diamagazine immer synchron vor. Ein abwechselndes Vor- und Zurückschieben des rechten und des linken Magazins endet oft damit, dass die Bildreihenfolge durcheinander gerät und der Vortragende die Übersicht verliert. Durch das Duplizieren eines Dias und die Verwendung von Leerdiapositiven (ein Dia ohne Inhalt in der Hintergrundfarbe des Vortrages) wird das verwirrende Vor- und Zurückschieben der Diamagazine vermieden. Auch Schwarzdias (mit einem unbelichteten und entwickelten Filmstreifen hergestellte Leerdias) können verwendet werden. Sie simulieren das Ausschalten von einem der beiden Projektoren und lenken die Aufmerksamkeit des Zuhörers auf die belichtete Leinwandhälfte. Sie decken aber den Lichtstrahl des Projektors ab und machen dadurch den bei der Diaprojektion an sich dunklen Vortragsraum noch dunkler.

3.2.3 Overheadprojektion

Bei der Overheadprojektion (Tageslichtprojektion) werden transparente Folien auf eine von unten beleuchtete Glasfläche gelegt (oder auf einer Fresnellinse von oben beleuchtet) und über den Kopf des Vortragenden auf eine Leinwand projiziert.

Vorteile

– Overheadprojektoren gehören zur **Grundausstattung der meisten Vortragssäle**.

– Sie erfordern, wie die Bezeichnung Tageslichtprojektor ausdrückt, **keine stärkere Abdunkelung des Vortragssaales**. Der Vortragende kann dadurch leicht Blickkontakt mit den Zuhörern halten, und Letztere können Notizen machen.

– Die Overheadprojektion ist ein **flexibles visuelles Medium**. Die Reihenfolge der projizierten Folien kann während des Vortrages beliebig geändert werden. Der Vortrag kann durch Überspringen von Folien gekürzt werden, ohne dass der Zuhörer das Gefühl hat, dass ihm Information vorenthalten wird.

- Der Vortragende sieht die nächste Folie, bevor er sie auf die Glasfläche auflegt und sie für die Zuschauer sichtbar an die Leinwand projiziert wird. Er kann daher das nächste Bild ankündigen und die Übergänge zwischen den Bildern elegant gestalten.

- Die Tageslichtprojektion ist ein **gutes Reservemedium** bei technischen Problemen mit der computerunterstützten Projektion. Overheadfolien von den wichtigsten Bildern der Computerpräsentation können ohne nennenswerten Aufwand mit einem Drucker hergestellt werden.

Nachteile

- Die Overheadprojektion ist **für Vorträge mit einer größeren Teilnehmerzahl ungeeignet**. Sie ist daher bei größeren Kongressen unüblich.

- Die Overheadtechnik wird von manchen Zuhörern – zu Unrecht – als technisch veraltet angesehen.

Hinweise und Tipps für die Praxis

- Eine Overheadfolie wird korrekt aufgelegt, wenn der Vortragende mit dem Rücken zur Leinwand steht und den Folientext richtig lesen kann.

- Achten Sie darauf, dass Sie nicht im Lichtstrahl des Projektors stehen. Stehen oder sitzen Sie seitlich vom Gerät, so dass Sie mit der dominanten Hand auf die Folie (Glasfläche) schreiben oder zeigen können, ohne sich vom Publikum abzuwenden. Ein Rechtshänder hat damit beim Blick auf das Publikum das Gerät auf seiner rechten Seite.

- Bei der Overheadprojektion können Sie den Inhalt der Folie entweder durch Zeigen auf die beleuchtete Fläche des Projektors oder durch Zeigen auf die Leinwand erklären. Beim **Zeigen auf die Leinwand** können Sie sich leicht vergewissern, dass Sie die Folie richtig aufgelegt haben und dass Sie nicht den Lichtstrahl des Projektors blockieren. Sie müssen aber darauf achten, dass Sie sich nur kurz von den Zuhörern abwenden.

- Verwenden Sie nicht die Hand, um auf die beleuchtete Fläche des Projektors zu zeigen, sie ist zu breit. Ein schmaler Stift oder ein eigens dafür konzipierter teildurchsichtiger Folienzeiger sind besser geeignet.

- Bei der Erstellung von Overheadfolien mit einem Kopiergerät oder Farbdrucker darf nur für diesen Zweck geeignetes und entsprechend gekennzeichnetes Folienmaterial verwendet werden, um eine optimale Wiedergabequalität zu erreichen und eine Beschädigung der Geräte zu vermeiden.

- Bewahren Sie die Overheadfolien in **durchsichtigen Hüllen**, um zu verhindern, dass die Folien verkleben. Die Folie kann alleine oder gemeinsam mit der durchsichtigen Hülle auf die Glasfläche des Projektors gelegt werden. Manche Hüllen haben zweiseitige Klappen die das Streulicht des Projektors links und rechts der Overheadfolie verdecken und für die Nummerierung der Folien verwendet werden können. Damit bleibt die Nummerierung für die Zuschauer unsichtbar, und Sie können die Reihenfolge der Folien während des Vortrages ändern, ohne dass Sie den Eindruck von mangelnder Organisation wecken.

- Bei der Overheadprojektion können Sie ähnlich wie bei der Computerprojektion den **Inhalt der Folie schrittweise zeigen**. Das kann sowohl bei Aufzählungspunkten als auch beim Aufbau von komplexen Grafiken sinnvoll sein. Bei Aufzählungspunkten werden die noch nicht besprochenen Punkte mit einem lichtundurchlässigen Blatt abgedeckt. Um den Eindruck der Bevormundung des Publikums zu vermeiden, zeigen Sie die Aufzählungspunkte nicht, bevor Sie diese abdecken. Stattdessen decken Sie zuerst die beleuchtete Glasfläche ab, legen dann die Folie mit den Aufzählungspunkten über das Abdeckblatt und entfernen das Abdeckblatt schrittweise.

- Komplexe Grafiken können zum besseren Verständnis durch **schrittweises Aufeinanderlegen mehrerer Folien** allmählich aufgebaut und erklärt werden. Beachten Sie dabei, dass durch Aufeinanderlegen mehrerer Folien mit einem leichten Grauton die Lichtstärke des Projektors vermindert wird.

- Overheadfolien können während des Vortrages mit dafür **geeigneten Farbstiften** ergänzt werden. Dadurch wirken Ihre Ausführungen spontan. Sie müssen aber die Ergänzungen gut planen und kurz halten, um die Zuhörer nicht zu langweilen.

- Schalten Sie den Overheadprojektor aus, bevor Sie die letzte Folie von der Glasfläche entfernen.

3.2.4 Flip-Chart/Wandtafel

Ein Flip-Chart oder eine Wandtafel sind in den meisten Vortragsräumen vorhanden. Sie sind als alleiniges Medium für die
Mitteilung einer wissenschaftlichen Information ungenügend,
sind aber für kleine Einträge gut geeignet, zum Beispiel in der
Diskussionsphase des Vortrages, um die Frage eines Zuhörers an-
schaulicher zu beantworten. Sie wirken dadurch spontan und sicher. Ein zeichnerisches Talent ist nicht erforderlich.

Vorteile

- Der Hauptvorteil vom Flip-Chart und von der Wandtafel ist,
  dass beide **einfach zu handhaben** sind und immer funktionieren.

Nachteile

- Das Flip-Chart oder die Wandtafel dürfen bei Tagungen mit ei-
  ner größeren Zahl von Teilnehmern nicht verwendet werden,
  sonst erkennen die Zuschauer in den hinteren Sitzreihen das
  Geschriebene oder Gezeichnete nicht.
- Beim Schreiben dreht der Vortragende den Zuhörern den
  Rücken zu.
- Beide Medien sind **zeitaufwändig** und daher bei wissenschaftli-
  chen Kurzvorträgen fehl am Platz.

Hinweise und Tipps für die Praxis
- Ihre Schrift muss groß genug und leserlich sein.
- Hören Sie beim Schreiben oder Zeichnen zu reden auf.
- Stehen Sie beim Schreiben oder Zeichnen so, dass Sie die Tafel
  mit Ihrem Körper nicht verdecken.
- Schreiben oder zeichnen Sie nicht über längere Zeit, sonst
  langweilen Sie die Zuhörer.

3.2.5 Das Handout

Ein weiteres visuelles Hilfsmittel ist das an die Zuhörer ausgehändigte schriftliche Informationsmaterial (Handout). Besonders sinnvoll sind digitale Handouts wie Daten-CDs und DVDs.

Vorteile

– Handouts machen einen der größten Nachteile von wissenschaftlichen Vorträgen wett: die Vergänglichkeit der Information. Die Zuhörer erhalten einen schriftlichen Auszug der relevanten Daten des Vortrages, den sie jederzeit konsultieren können.

– Alle Details, die aus Zeitgründen im Vortrag und aus Platzgründen im Vortragsabstrakt nicht enthalten sind, werden den interessierten Zuhörern zur Verfügung gestellt.

Nachteile

– Der einzige Nachteil von Handouts ist, dass deren Herstellung zeitaufwändig und kostspielig sein kann.

Hinweise und Tipps für die Praxis

– Bereiten Sie Handouts sorgfältig vor. Es genügt nicht, die Vortragsfolien auf Papier zu drucken oder auf eine Daten-CD zu speichern. Viele der im Vortrag verwendeten Folien bedürfen nämlich der Erklärung des Vortragenden, um verstanden zu werden. Diese Folien müssen im Handout so weit ergänzt werden, dass sie ohne weitere Erklärungen einen Sinn ergeben. Die Seiten des Handouts müssen nummeriert werden und dem Aufbau des Vortrages folgen.

– Schriftliche Handouts können, wenn sie am Anfang des Vortrages verteilt werden, die Zuhörer von den Ausführungen des Vortragenden ablenken. Um das zu verhindern, können Sie die Handouts am Anfang des Vortrages ankündigen und erst am Ende des Vortrages verteilen.

– Es müssen selbstverständlich genügend schriftliche oder digitale Handouts für alle interessierten Zuhörer bereitgestellt werden.

3.2.6 Die Videoprojektion

Im Zeitalter der computerunterstützten Projektion kommt die Videoprojektion zunehmend aus der Mode. Es ist weniger umständlich, eine Videosequenz in eine Powerpoint-Präsentation zu integrieren. Damit werden zeitraubende Unterbrechungen des Vortrages durch den sonst notwendigen Gerätewechsel vermieden.

Da nahezu alle mit einem Videoprojektor ausgerüsteten Vortragssäle auch die Möglichkeit einer computerunterstützten Projektion anbieten, wird an dieser Stelle der Umgang mit Videoprojektoren nicht gesondert erwähnt. Zur Integration von Videosequenzen in einer Computerpräsentation siehe Abschnitt 3.3.3.

3.2.7 Die Kombination verschiedener visueller Hilfsmittel

Mit der Computerprojektion ist eine Multimediapräsentation ohne Gerätewechsel möglich geworden. Es kommt aber noch gelegentlich vor, dass verschiedene visuelle Hilfsmittel kombiniert werden müssen.

Vorteile

– Durch die Kombination verschiedener Medien können Sie eine größere **Flexibilität bei der audiovisuellen Wiedergabe der Daten** erreichen.

Nachteile

– Durch die Kombination verschiedener Geräte entstehen **Leerläufe**, die die Aufmerksamkeit der Zuschauer verringern.

– Es ist schwierig, für jedes visuelle Medium die optimale Raumbeleuchtung zu haben. **Lichtspiele** können eine Ablenkung der Zuhörer zur Folge haben.

Hinweise und Tipps für die Praxis

– Sie müssen die Zeit, die für das Ein- und Ausschalten der
  verschiedenen Geräte benötigt wird, bei der Berechnung der
  Vortragsdauer berücksichtigen.

– Stimmen Sie bei größeren Kongressen die Geräte- und Licht-
  wechsel mit dem verantwortlichen Techniker gut ab. Machen
  Sie sich auch mit der Bedienung der Schalter vertraut.

3.3 Die Folie

Im Folgenden wird der **Begriff Folie in seinem weitesten Sinne**
verwendet. In Anpassung an die Nomenklatur gängiger Softwareprogramme sind damit die Folie der Computerpräsentation, die
Overheadfolie und das Diapositiv gemeint, schlicht jedes bei
einem Vortrag an die Wand projizierte Bild. Eine Folie kann Text,
Tabellen, Diagramme, Zeichnungen, Fotografien oder im Falle von
Computerpräsentationen Videos beinhalten.

Folien sind von überragender Bedeutung, da sie der Visualisierung
der Inhalte des wissenschaftlichen Vortrages dienen.

3.3.1 Foliengestaltung

Mit der sorgfältigen Gestaltung der Folien legen Sie den Grundstein für den Erfolg Ihres Vortrages. Schlampig vorbereitete Folien
erschweren hingegen die Mitteilung der wissenschaftlichen Information und hinterlassen bei den Zuhörern den Eindruck, dass der
Vortragende den Vortrag und damit letztendlich die im Saal anwesenden Personen nicht ernst nimmt.

Bei der Foliengestaltung müssen Sie sich die Funktion des wissenschaftlichen Vortrages ständig vor Augen halten: die unmissverständliche Mitteilung einer wissenschaftlichen Information. Es
geht nicht darum, die Zuhörer durch komplexe und farbenreiche
Folien zu beeindrucken. **Die Klarheit und die Verständlichkeit** haben Vorrang gegenüber der Schönheit und dem Unterhaltungswert
der Folie.

Beschäftigen Sie sich rechtzeitig und ausreichend mit der
Gestaltung der Folien. Sie müssen genau wissen, welche Inhalte
Sie mit Ihrem Vortrag mitteilen möchten, und dann überlegen,

welche Art von Folien am besten geeignet ist, diese Inhalte bild-lich zu vermitteln.

Keinesfalls dürfen Sie, um Zeit zu sparen, der Versuchung unterlie-gen, Abbildungen aus Zeitschriften und Büchern ohne **Anpassung an die Anforderungen des Vortrages** auf die Leinwand zu projizie-ren. Publizierte Abbildungen sind komplex gestaltet und enthalten viele Details. Sie sind für den Leser gedacht, der genügend Zeit hat, diese in aller Ruhe zu studieren. Bei einem Vortrag reicht die Zeit kaum aus, um alle Aspekte einer Abbildung aus einer Zeitschrift zu erfassen. Außerdem sind das Format und die Schriftgröße sol-cher Abbildungen selten für die Projektion an die Wand geeignet.

Die heute erhältlichen Softwareprogramme sind sehr bediener-freundlich und ermöglichen die rasche Erstellung von Folien. Viele Programme bieten auch unzählige Bearbeitungsoptionen – mehr als die meisten Wissenschaftler benötigen. Keine Software ist aber in der Lage, automatisch eine für die Veranschaulichung eines vor-gegebenen Inhaltes ideale Folie zu entwerfen.

Die Verantwortung für die Foliengestaltung bleibt bei Ihnen, denn nur Sie wissen, welche Aspekte Ihrer Arbeit wesentlich sind. Sie müssen aus vielen Formatierungsmöglichkeiten die bestgeeignete auswählen, um Ihren Ausführungen Nachdruck zu verleihen. Diese Entscheidung dürfen Sie nicht einem Fotografen oder dem Techniker eines Reprozentrums überlassen. Sie dürfen sie schon gar nicht dem Präsentationsprogramm überlassen, indem Sie die vom Programm für die Formatierung vorgeschlagenen, so genann-ten Standard- oder „Default"-Optionen übernehmen. Die meisten vom Präsentationsprogramm vorgeschlagenen Folien sind für den wissenschaftlichen Vortrag ungeeignet. Sie lenken durch unnötige Farben und einen prominenten Hintergrund vom Inhalt der Folie ab. Die Formatierung solcher „Fertigfolien" bedarf immer einer kritischen Überprüfung.

Auch dürfen Sie die vielen Möglichkeiten der Präsentationspro-gramme nicht dazu verleiten, Ihre Folien mit Firlefanz, der von der Botschaft des Vortrages ablenkt, zu füllen. Die meisten Zuhörer sind heutzutage mit den Möglichkeiten der Präsentationsprogramme vertraut und sind kaum durch schwindelerregende Animationen, 3D-Effekte und ausgefallene Schriftarten zu beeindrucken.

Allgemeine Hinweise zur Gestaltung von Folien

Die Information pro Folie muss begrenzt sein. Jede Folie soll nur eine Hauptaussage haben, das heißt, deren Inhalt sollte mit einem einzigen Titel zusammengefasst werden können. Komplexe Folien sind nämlich schwer zu erklären, ohne die Zuschauer zu langweilen. Außerdem nimmt mit der Komplexität der Folie die Größe der visuellen Information ab (Text, Symbole, Achsenbeschriftung, usw.), und es wird schwerer, diese zu entziffern. Es ist daher besser, eine komplexe Folie durch zwei oder drei einfachere Folien zu ersetzen. Bei der computerunterstützten Projektion und bei der Overheadprojektion gibt es auch die Möglichkeit, eine komplexe Folie (zum Beispiel eine Grafik) schrittweise aufzubauen und dadurch leichter zu erklären.

Eine Folie muss leicht verständlich, aber **nicht unbedingt selbsterklärend** sein. Ein guter Vortrag entsteht durch die gelungene Kombination vom Gezeigten mit dem Gesprochenen. Anders als ein Poster muss die Folie nicht mit Information so voll gepackt werden, dass sie ohne verbale Erklärung verstanden werden kann. Es ist besser, klare, übersichtliche Folien zu entwerfen und etwaige fehlende Informationen mündlich zu ergänzen.

„Ein Bild sagt mehr als tausend Worte": **Bilder und Diagramme** werden viel rascher erfasst und verstanden als Text und Tabellen. Zeigen Sie daher die Information wann immer möglich auf bildlichem Wege.

Die Folien eines Vortrages sind **einheitlich zu gestalten**, mit einheitlichen Termini, Farblegenden, Symbolen, usw. Der Zuhörer nimmt die visuelle Information schneller auf, wenn er sich nicht ständig neu orientieren muss.

Beim Folienentwurf gibt es **keine ideale Projektionsdauer einer Folie**, die beachtet werden muss. Komplexe Folien (wie z. B. Tabellen) müssen lange an die Wand projiziert werden, um verstanden zu werden, während einfache Folien (wie z. B. Röntgenbilder zur Dokumentation eines Behandlungserfolges) viel kürzer gezeigt werden können. Beachten Sie, dass Vorträge, bei denen alle Folien eine einheitlich lange oder kurze Projektionszeit haben, die Zuhörer ermüden.

3.3.1.1 Projektionsfläche

Die Fläche der auf die Leinwand projizierten Folie steht für die Mitteilung der visuellen Information zur Verfügung. Jeder Quadratzentimeter dieser beleuchteten Fläche ist wertvoll. Das bedeutet nicht, dass sie mit Details voll gepackt werden soll, sondern dass sie gekonnt verwendet werden soll, um die ganze Aufmerksamkeit der Zuschauer auf den Vortragsinhalt zu lenken.

– Benützen Sie die Projektionsfläche der Folie **nur für wichtige Informationen**. Das Auge des Betrachters soll ohne jede Ablenkung auf das Wesentliche der Folie geführt werden. Eine Projektionsfläche, die viel Folienhintergrund zeigt, ist meist übersichtlich und effektiv.

– **Das Aufschreiben des Namens des Vortragenden oder seiner Institution auf jeder Folie** führt zu einer unnötigen Überladung der Folien (Abb. 3.1). Diese Information ist bereits auf der Titelfolie und im Tagungsprogramm vermerkt. Sie wurde außerdem vom Vorsitzenden vor dem Beginn des Vortrages vorgelesen. Es reicht ein **kleines Logo** (immer am selben Platz) in einer toten Ecke der Folien, um auf die institutionelle Zugehörigkeit des Vortragenden hinzuweisen. Ein Logo kann auch ein Farbpunkt sein, der sich durch alle Folien zieht und

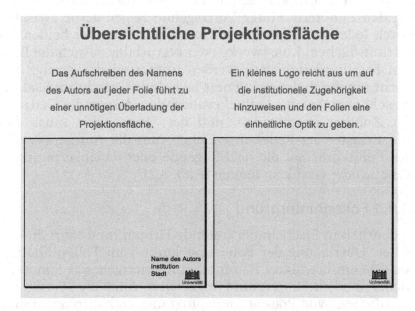

Abb. 3.1

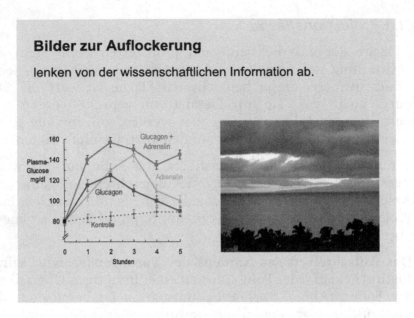

Abb. 3.2

dem Vortrag eine gewisse Einheitlichkeit (zusammenhängende Optik) gibt.

– **Bilder zur Auflockerung** führen zum Konzentrationsverlust bei den Zuhörern. Einige Vortragende zeigen gerne zwischendurch (oder bei Doppelprojektionen auf einer der beiden Projektionsflächen) Kunstwerke oder Naturbilder. Auch die Bilder von Familienmitgliedern werden immer wieder gezeigt, vielleicht um durch das einzig nett lächelnde Gesicht im Saal Mut zu schöpfen. Solche Auflockerungsbilder lassen die Gedanken der Zuhörer abschweifen, und der Vortragende muss dann alle Register der Redekunst ziehen, um die Aufmerksamkeit des Publikums auf die nachfolgende oder daneben projizierte Tabelle oder Grafik zu lenken (Abb. 3.2).

3.3.1.1.1 Folienhintergrund

Jeder deutlich in Erscheinung tretende Hintergrund führt zu einer visuellen Überladung der Folie und lenkt vom Folieninhalt ab. Bilder, wie ein bewölkter Himmel, eine untergehende Sonne und ähnliches, sind als Hintergrund ungeeignet. Auch die „Fertig- oder Standardfolien" von Präsentationsprogrammen haben meist einen zu unruhigen oder zu farbenfrohen Hintergrund.

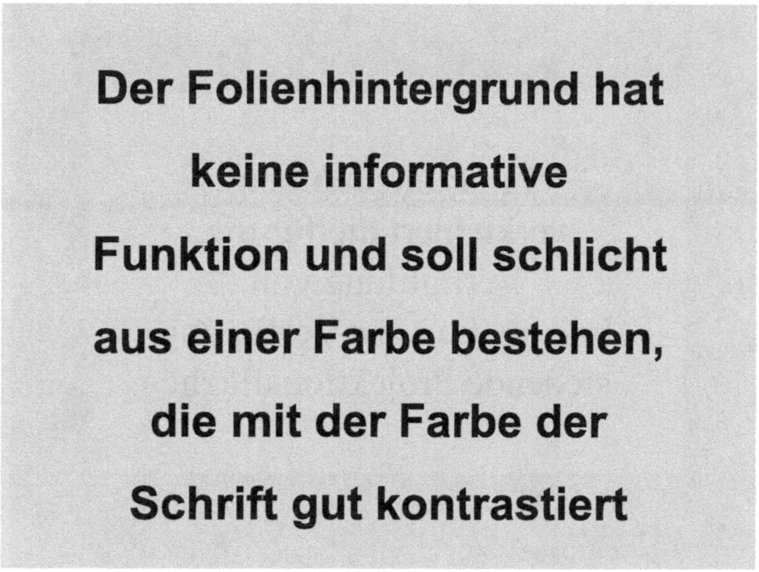

Der Folienhintergrund hat

keine informative

Funktion und soll schlicht

aus einer Farbe bestehen,

die mit der Farbe der

Schrift gut kontrastiert

Abb. 3.3

Ein Folienhintergrund hat keine informative Funktion und soll daher **schlicht aus einer Farbe** bestehen, die mit der Farbe der Schrift und der Zeichnung einen deutlichen Kontrast bildet (Abb. 3.3).

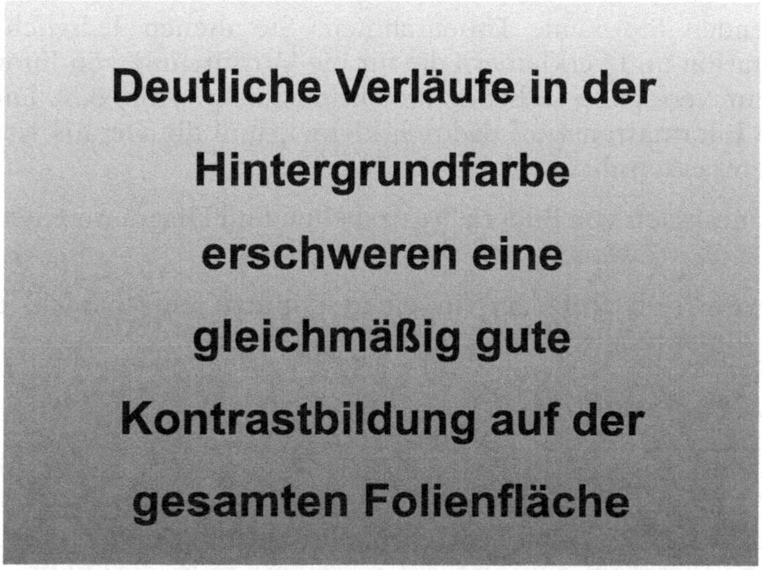

Deutliche Verläufe in der

Hintergrundfarbe

erschweren eine

gleichmäßig gute

Kontrastbildung auf der

gesamte Folienfläche

Abb. 3.4

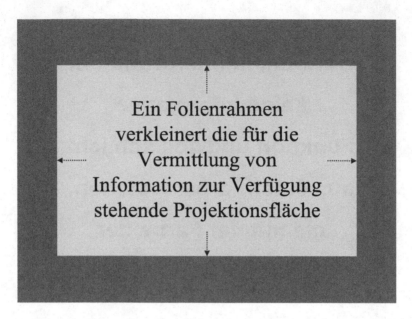

Abb. 3.5

Deutliche Verläufe in der Hintergrundfarbe erschweren eine gleichmäßig gute Kontrastbildung auf der gesamten Folienfläche (Abb. 3.4).

3.3.1.1.2 Folienrahmen

Verwenden Sie keine Folienrahmen. Sie dienen lediglich der Dekoration und verkleinern die für die Vermittlung von Information zur Verfügung stehende Projektionsfläche (Abb. 3.5). Die visuelle Information wird dadurch kleiner, und die Details werden schwerer erkennbar.

Das Einrahmen von Bildern, Texttabellen und Diagrammen erfüllt auch keinen Zweck.

Wenn Sie sich trotzdem für einen Rahmen entscheiden, dann sollte dieser möglichst schmal und schlicht sein.

3.3.1.2 Folientitel

Jede Folie muss einen Titel haben.

Ein Titel dient zur raschen Orientierung des Zuhörers. Er darf nicht zu allgemein gewählt werden, sondern muss die Quintessenz der Folie beschreiben.

Ein guter Folientitel ist kurz, prägnant und maximal zwei Zeilen lang. Er kann die Form eines Satzteiles oder eines Hauptsatzes mit einem Zeitwort haben.

Alle Folientitel sollten an der gleichen Stelle der Folie erscheinen, die gleiche Schriftart und -farbe haben und in der Sprache des Vortrages sein. Der Schriftgrad des Titels muss deutlich größer sein als der des Textes.

3.3.1.3 Farben

Die Farbauswahl ist ein besonders umstrittenes Element der Foliengestaltung. Sie fällt vielen Vortragenden schwer. Man kann zwar über Geschmack und Farben nicht streiten, aber es gibt Richtlinien für die Auswahl von Folienfarben, die beachtet werden müssen.

Zweifelsohne hat uns die Fähigkeit, färbige Folien mit dem Computer auf einfachem Wege herzustellen, von der Eintönigkeit der früher üblichen Blau-Weiß-Dias befreit und die Vorträge bunter und lebendiger gemacht. Allerdings ist nicht jede farbenreiche Folie besser als eine Blau-Weiß- oder Schwarz-Weiß-Folie. Ein Zuviel an Farben kann verwirren und vom Inhalt ablenken.

Die Funktion einer Folie in einem wissenschaftlichen Vortrag ist, zu informieren, nicht zu unterhalten oder zu beeindrucken. Daher sollen Farben nur dann verwendet werden, wenn es einen guten Grund dafür gibt, das heißt, wenn sie die Informationsübermittlung unterstützen.

Allgemeine Farbhinweise

Im Folgenden wird allgemein auf Punkte hingewiesen, die bei der Farbgestaltung von Folien beachtet werden müssen – vorerst ohne auf die Wahl einzelner Farben näher einzugehen.

– Jede Farbe, die zusätzlich zur Hintergrund- und Schriftfarbe verwendet wird, soll eine Funktion erfüllen. Eine Farbe, die lediglich der Zierde dient, ist fehl am Platz.

– Die gleiche visuelle Information soll während des gesamten Vortrages ein und dieselbe Farbe haben. Der Zuhörer findet sich viel rascher in einer Folie zurecht, wenn die Farben von Kurven, Balken- und Kreisdiagrammen immer dieselben Größen repräsentieren.

– **Die Farbe des Hintergrundes** soll in allen Folien des Vortrages die gleiche sein. Damit wirkt der Vortrag wie aus einem Guss. Bei wichtigen Folien kann ausnahmsweise eine andere Hintergrundfarbe gewählt werden, um auf die Besonderheit des Inhaltes hinzuweisen und die Aufmerksamkeit der Zuhörer zu erhöhen. Dieser psychologische Trick ist allerdings nur dann wirksam, wenn er sparsam eingesetzt wird.

Der Hintergrund sollte weitgehend homogen gefärbt sein. Bei starken Farbverläufen kontrastiert die Schrift- und Zeichenfarbe nicht auf der gesamten Folienfläche gleich gut (Abb. 3.4).

Bei hellem Folienhintergrund wird der Saal heller, weil der Lichtstrahl des Projektors zur zusätzlichen Lichtquelle wird. Dadurch ist auch in einem abgedunkelten Saal der Blickkontakt zwischen dem Vortragenden und den Zuhörern besser möglich. Ein zusätzlicher Vorteil von Overheadfolien mit einem hellen Hintergrund ist, dass bei deren Herstellung weniger Tinte verbraucht wird. Beachten Sie aber, dass auf einem komplett weißen Hintergrund ein schwacher Lichtzeiger schlecht erkennbar ist und Schmutzpartikel auf der Folie oder der Linse des Projektors auf der Leinwand besonders deutlich sichtbar sind.

– **Die Farben von Text, Diagrammen und Zeichnungen müssen deutlich mit dem Hintergrund kontrastieren.** Die visuelle Information wird besser aufgenommen, wenn sich diese Farben gut voneinander abheben (Abb. 3.6). Starke Farben sind für diesen Zweck besonders geeignet. Günstig ist die Kombination einer hellen Hintergrundfarbe mit einer dunklen Schriftfarbe oder einer dunklen Hintergrundfarbe mit einer hellen Schriftfarbe. Auch bei Diagrammen müssen sich die verwendeten Farben der Variablen deutlich voneinander unterscheiden.

– Jede **neue Farbkombination** soll unter vortragsähnlichen Bedingungen, mit einem Projektor in einem abgedunkelten großen Saal ausprobiert werden. Damit werden böse Überraschungen während des Vortrages vermieden.

Wenn sich eine Farbkombination in der Praxis bewährt hat und Sie diese regelmäßig verwenden, dann können Sie dieselbe Folie für mehr als einen Vortrag verwenden, ohne deren Farbe zu ändern. Dies ist vor allem bei Diapositiven und Overheadfolien, deren Format nur mit einem gewissen Zeit- und Kostenaufwand verändert werden kann, vorteilhaft.

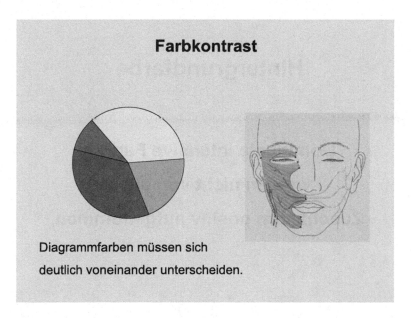

Abb. 3.6. Die visuelle Information wird besser aufgenommen, wenn die Farben von Text, Diagrammen und Zeichnungen deutlich miteinander und mit dem Hintergrund kontrastieren

Spezielle Farbhinweise

Es gibt individuelle und kulturelle Unterschiede in den Emotionen, die durch bestimmte Farben bei Menschen hervorgerufen werden. Es gibt daher keine Farbkombination, die alle Zuhörer gleichermaßen anspricht. Aus diesem Grund geht es bei der Farbauswahl nicht darum, den Geschmack aller im Vortragssaal Sitzenden zu treffen. Es geht vielmehr um die Verwendung von leserlichen und optisch günstigen Farbkombinationen.

Die ausgesuchten Farben sollten natürlich auch dem Geschmack des Vortragenden entsprechen, damit er sich mit seinen Folien identifizieren kann. Aus diesem Grund kann es problematisch sein, wenn allen Mitgliedern einer Abteilung oder einer Institution ein einheitlicher Farblook aufgezwungen wird. Beachten Sie aber die in vielen Institutionen (Unternehmen, Kliniken, usw.) geübte Praxis des einheitlichen Erscheinungsbildes (corporate identity).

Die **Hintergrundfarbe** ist entscheidend für die Gesamtwirkung der Folien. Die Farbe des Textes und der Zeichnungen richtet sich zwangsläufig nach dem Hintergrund. Dominante intensive Hintergrundfarben sind allgemein zu vermeiden, da sie nur von

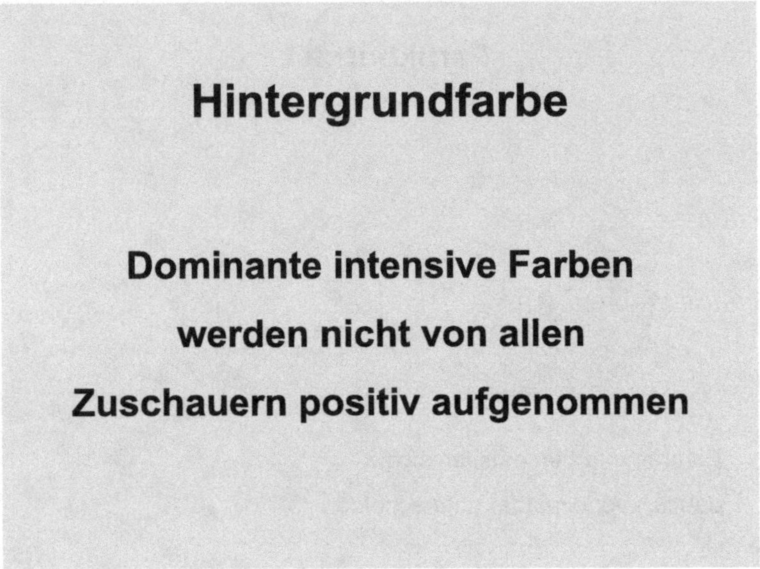

Hintergrundfarbe

Dominante intensive Farben

werden nicht von allen

Zuschauern positiv aufgenommen

Abb. 3.7

den Zuschauern, die diese bestimmten Farben ansprechend finden, positiv aufgenommen werden (Abb. 3.7).

Neutrale Hintergrundfarben mit einer geringen Sättigung sind zu
bevorzugen. Ein weißer Hintergrund mit einer schwarzen Schrift ist
die sachlichste Form der visuellen Informationsvermittlung, kann
aber fade und für manche Zuhörer sogar veraltet wirken (Abb. 3.8).

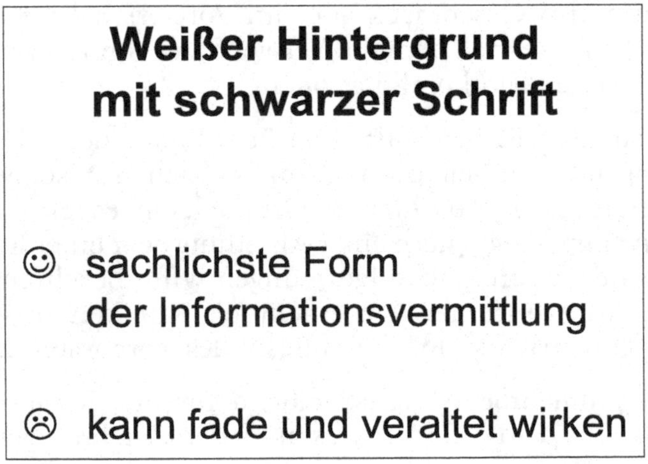

**Weißer Hintergrund
mit schwarzer Schrift**

☺ sachlichste Form
    der Informationsvermittlung

☹ kann fade und veraltet wirken

Abb. 3.8

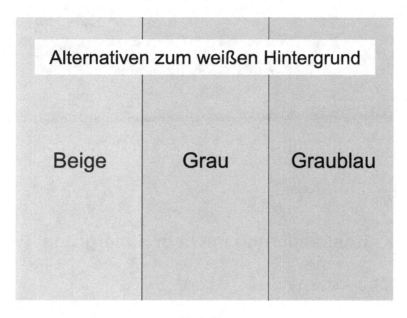

Abb. 3.9

Günstiger ist ein beigefarbener, grauer oder graublauer Hintergrund (Abb. 3.9). Ein schwarzer Hintergrund wirkt düster und trägt zur Abdunkelung des Vortragssaals bei.

Bei der Auswahl der **Textfarbe** ist vor allem auf eine optimale Kontrastierung mit dem Hintergrund zu achten (Abb. 3.10).

Verschiedene Farbkombinationen werden in der Literatur empfohlen. Wissenschaftliche Untersuchungen, die Textdias mit verschiedenen Farben auf ihre Effizienz in der Vermittlung einer visuellen Information verglichen haben, zeigten keine einheitlichen Ergebnisse. Dieselben Farbkombinationen (wie zum Beispiel grün auf schwarzem Hintergrund) haben bei der Verwendung von Kursivschrift besonders schlecht, bei der Verwendung von Normalschrift aber gut abgeschnitten (Abb. 3.11). Es lassen sich aus diesen Arbeiten kaum schlüssige und allgemein gültige Empfehlungen ableiten.

Bestimmte Farben sollen allgemein gemieden werden. 8% aller Männer und 0,4% der Frauen haben eine Farbsinnstörung. Meist betrifft diese vorwiegend die **Wahrnehmung der grünen und roten Farbe.** Aus diesem Grund sollen diese beiden Farben gemieden werden. Eine rote Schrift auf einem blauen, grünen oder schwarzen

Wahl der Textfarbe

Kontrastierung mit dem Hintergrund

Kontrastierung mit dem Hintergrund

Abb. 3.10

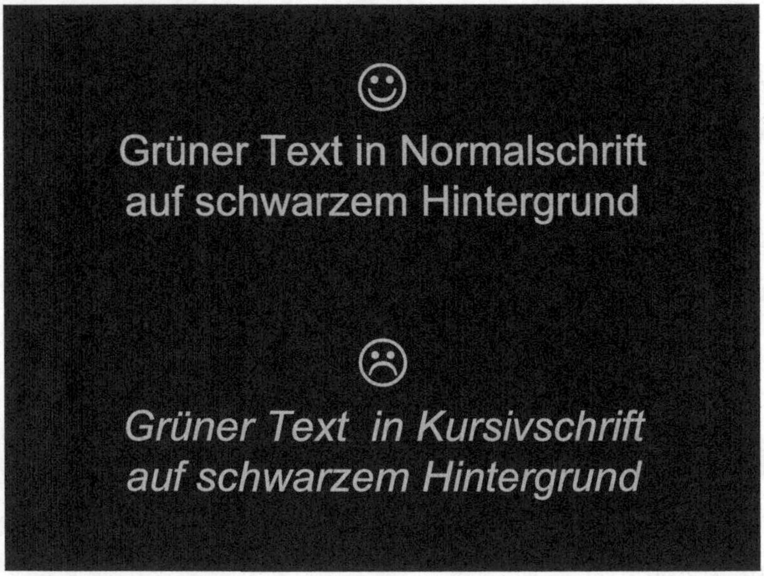

Grüner Text in Normalschrift
auf schwarzem Hintergrund

*Grüner Text in Kursivschrift
auf schwarzem Hintergrund*

Abb. 3.11. Wissenschaftliche Untersuchungen, die Textdias mit verschiedenen Farben auf ihre Effizienz in der Vermittlung einer visuellen Information verglichen haben, zeigten keine einheitlichen Ergebnisse. Bestimmte Farbkombinationen (wie grün auf schwarzem Hintergrund) haben bei der Verwendung von Kursivschrift besonders schlecht, bei der Verwendung von Normalschrift aber gut abgeschnitten

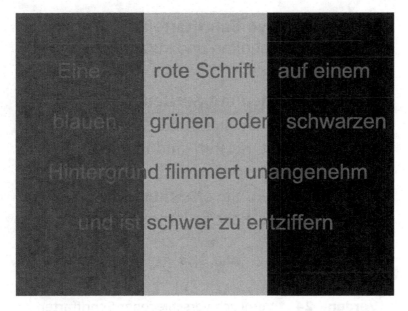

Abb. 3.12

Hintergrund flimmert unangenehm und ist auch von Menschen mit einem ungestörten Farbsinn schwer zu entziffern (Abb. 3.12).

Testen Sie alle neuen Farbkombinationen in der Vorbereitungsphase unter vortragsähnlichen Bedingungen.

3.3.1.4 Schrift

Unzählige **Schriftarten** werden von den gängigen Softwareprogrammen zur Verfügung gestellt. Grundsätzlich kann man zwischen Schriften mit und ohne Serifen unterscheiden (Abb. 3.13).

Serifen sind kleine Querstriche an den Enden von Buchstaben, die die Lesbarkeit dicht gedrängter Texte erleichtern. Schriftarten mit Serifen werden in Büchern und Zeitungen verwendet. **Serifenlose Schriften** sind eher für Überschriften und kurze Texte geeignet und werden daher für Vortragsfolien bevorzugt. Neben der klassischen Arial sind z. B. Verdana und Tahoma typische serifenlose Schriften. Letztere wurden eigens für die Computerpräsentation entworfen. Bei der Wahl der Schriftart ist zu berücksichtigen, dass bei gleichem Schriftgrad bestimmte Schriften mehr Platz beanspruchen als andere (z. B. Verdana > Arial > Times New Roman) (Abb. 3.14).

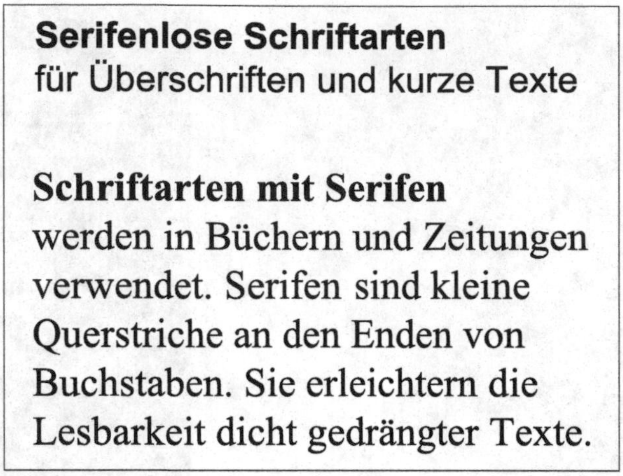

Serifenlose Schriftarten
für Überschriften und kurze Texte

Schriftarten mit Serifen
werden in Büchern und Zeitungen
verwendet. Serifen sind kleine
Querstriche an den Enden von
Buchstaben. Sie erleichtern die
Lesbarkeit dicht gedrängter Texte.

Abb. 3.13

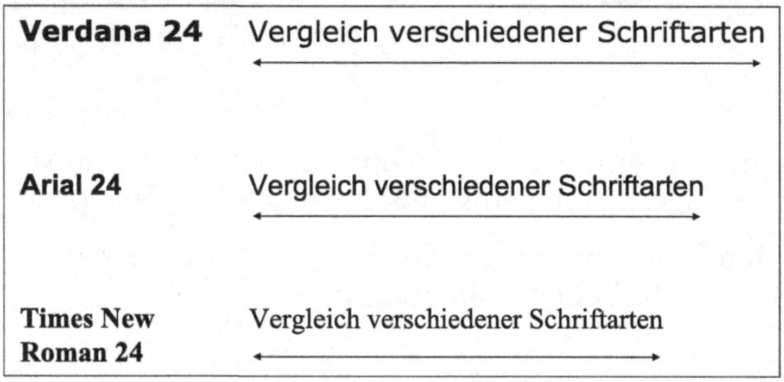

Verdana 24	Vergleich verschiedener Schriftarten
	←————————————————————→
Arial 24	Vergleich verschiedener Schriftarten
	←————————————————→
Times New Roman 24	Vergleich verschiedener Schriftarten
	←————————————→

Abb. 3.14. Bei gleichem Schriftgrad beanspruchen bestimmte Schriften mehr
Platz als andere

Einfache klassische Schriftarten lenken weniger vom Inhalt ab als
auffallende und verspielte Schriften (Abb. 3.15). Die klassischen
Schriftarten sind auch auf den meisten Computern installiert
und verursachen bei Computerpräsentationen weniger Kompatibilitätsprobleme mit dem vom Veranstalter für die Präsentation
zur Verfügung gestellten Computer. Sicherheitshalber betten Sie
aber bei Computerprojektionen die Schriftarten des Vortrages
immer in die Präsentation ein oder speichern Sie diese auf dem
Transportdatenträger.

Wenn Sie sich für eine Schriftart entschieden haben, dann verwenden Sie diese konsequent während des gesamten Vortrages. Eine

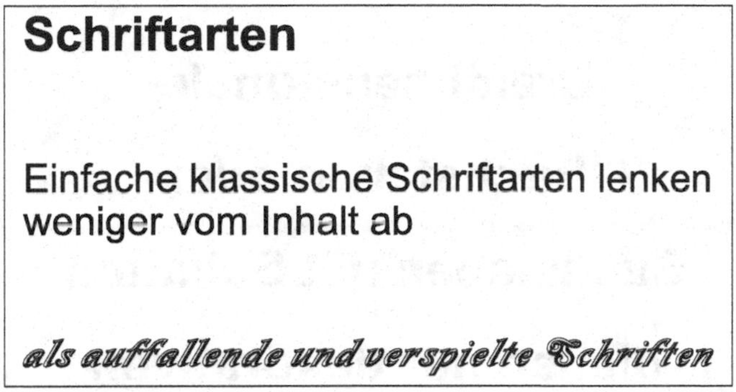

Schriftarten

Einfache klassische Schriftarten lenken
weniger vom Inhalt ab

als auffallende und verspielte Schriften

Abb. 3.15

Änderung der Schriftart ist nur ausnahmsweise dann sinnvoll,
wenn ein neuer Sachverhalt signalisiert werden soll. Ein Vortrag
mit mehreren Schriftarten lässt die Folien zusammengewürfelt erscheinen und verwirrt die Zuhörer.

Wichtige Inhalte können durch eine **fette Schrift** besser als durch
eine Änderung der Schriftart hervorgehoben werden. Auch eine
andere Schriftfarbe kann gelegentlich für diesen Zweck verwendet
werden. Eine Kursivschrift oder Unterstreichungen sind weniger
gut geeignet, weil sie die Lesbarkeit erschweren (Abb. 3.16).

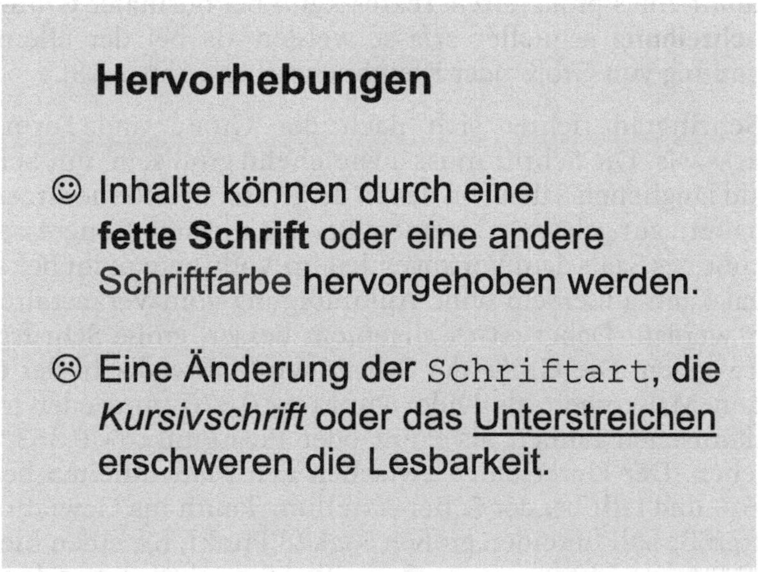

Hervorhebungen

☺ Inhalte können durch eine
fette Schrift oder eine andere
Schriftfarbe hervorgehoben werden.

☹ Eine Änderung der `Schriftart`, die
Kursivschrift oder das Unterstreichen
erschweren die Lesbarkeit.

Abb. 3.16

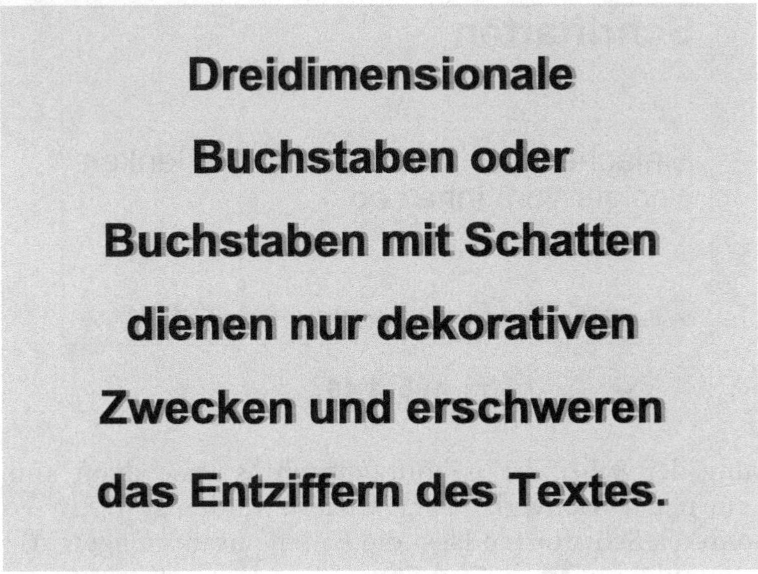

Dreidimensionale

Buchstaben oder

Buchstaben mit Schatten

dienen nur dekorativen

Zwecken und erschweren

das Entziffern des Textes.

Abb. 3.17

Verzichten Sie auf die Verwendung von **dreidimensionalen Buch-staben** oder Buchstaben mit Schatten. Diese dienen nur dekorativen Zwecken und erschweren das Entziffern des Textes (Abb. 3.17).

Der Inhalt eines projizierten Textes kann bei normaler **Groß- und Kleinschreibung** schneller erfasst werden als bei der alleinigen Verwendung von Groß- oder Kleinbuchstaben (Abb. 3.18).

Der **Schriftgrad** richtet sich nach der Größe und Form des Vortragssaals. Die Schrift muss ausreichend groß sein, um bei großen und länglichen Sälen von den in der hintersten Reihe sitzenden Zuschauern gut gelesen zu werden. Bei den meisten Kongressen ist die Größe des Saals dem Vortragenden im Vorhinein nicht bekannt, der Saal kann außerdem ohne Ankündigung vom Veranstalter geändert werden. Daher ist es allgemein besser, große Schriftgrade zu verwenden. Die Größe der Schrift wird entweder in der europäischen Maßeinheit als Didot-Punkt (= 0,376 mm) oder in der amerikanischen Einheit als Point oder Pica-Punkt (= 0,353 mm) angegeben. Der Unterschied zwischen den Maßeinheiten beträgt etwa 6% und fällt bei der Folienerstellung kaum ins Gewicht. Die Schriftgröße soll für einen großen Saal 28 Punkt, für einen kleinen Saal 20 Punkt nicht unterschreiten. Die Überschrift muss deutlich größer als der Text sein, z. B. eine Überschrift von 32 Punkt bei

DER INHALT EINES PROJIZIERTEN TEXTES KANN BEI NORMALER „GROSSSCHREIBUNG
UND KLEINSCHREIBUNG" VIEL RASCHER ERFASST WERDEN ALS BEI DER ALLEINIGEN
VERWENDUNG VON „GROSSBUCHSTABEN UND KLEINBUCHSTABEN".

Der inhalt eines projizierten textes kann bei normaler „großschreibung
und kleinschreibung" viel rascher erfasst werden als bei der alleinigen
verwendung von „großbuchstaben und kleinbuchstaben".

Der Inhalt eines projizierten Textes kann bei normaler „Großschreibung und
Kleinschreibung" viel rascher erfasst werden als bei der alleinigen Verwendung
von „Großbuchstaben und Kleinbuchstaben".

Abb. 3.18

einem Text von 28 Punkt. Wenn Sie den Schriftgrad verkleinern
müssen, um mehr Information auf eine Folie zu packen, dann haben Sie Letztere bereits überladen.

3.3.1.5 Animation

Die Fähigkeit, eine ganze Folie oder einzelne Teile davon durch
Hinzufügen von optischen Effekten zu beleben, ist ein großer
Vorteil der computerunterstützten Projektion.

Animationen können, sofern sie sinnvoll eingesetzt werden, die
Vermittlung der visuellen Information unterstützen. Die Aufmerksamkeit der Zuschauer wird auf den gerade animierten Teil
der Folie gelenkt. So können ein komplexes Diagramm oder ein
Schema in kleine leicht verständliche Informationsfragmente aufgeteilt und mit Hilfe der Animation schrittweise eingeblendet
werden (Abb. 3.19). Bei Textfolien mit Aufzählungspunkten kann
durch Nacheinander-erscheinen-Lassen der Punkte sichergestellt
werden, dass die Zuhörer nicht voraus lesen und nur auf den gerade vom Vortragenden behandelten Punkt schauen.

Animationen können aber, wenn sie übertrieben und wahllos verwendet werden, vom Inhalt des Vortrages ablenken. Eine rasche

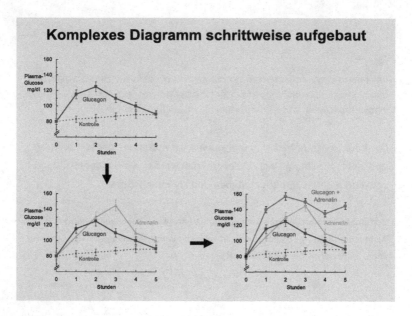

Abb. 3.19. Ein komplexes Diagramm kann in mehrere Einzeldiagramme aufgeteilt werden oder mit Hilfe einer Computeranimation schrittweise aufgebaut
werden

Abfolge verschiedener visueller Effekte verwirrt den Zuschauer
und lenkt ihn ab.

Setzen Sie Animationen durch die Beachtung folgender Regeln effektiv ein:

– Eine Animation hat nur dann in einem wissenschaftlichen
  Vortrag Platz, wenn sie der **Informationsvermittlung** dient.
  Mit neuen Animationen kann man heutzutage die Zuhörer
  kaum beeindrucken, denn die meisten wissen, wie leicht visuelle Effekte mit einem Präsentationsprogramm erstellt werden
  können.

– Setzen Sie Animationen **sparsam** ein, damit diese bei den
  Zuschauern die gewünschte Wirkung erzielen.

– Beginnen Sie nicht jede neu auf die Leinwand projizierte Folie
  mit einem Animationseffekt. Dies macht den Vortrag unruhig und ermüdet die Zuschauer. Allerdings kann es sinnvoll
  sein, einzelne Folien mit einem dezenten visuellen Effekt erscheinen zu lassen, um einen Themenwechsel oder den Beginn
  eines neuen Abschnittes zu signalisieren.

– Wählen Sie Animationen mit **schlichten Effekten** (wie z. B. einfaches Erscheinen). Visuelle Spielereien dienen nicht dem Zweck des wissenschaftlichen Vortrages. Einige spektakuläre Effekte sind eher dazu geeignet, die Zuschauer in Hypnose zu versetzen, als deren Konzentration zu schärfen.

– **Akustische Animationen** erfüllen keine Funktion und sind daher bei einem wissenschaftlichen Vortrag fehl am Platz.

– Nicht nur Textfolien und Diagramme, sondern **auch Bilder** können durch Hinzufügen einer Animation besser erklärt werden. Zum Beispiel können einzelne Aspekte einer Fotografie durch Überlagerung mit einer halbtransparenten Zeichnung hervorgehoben werden (Abb. 3.20).

– **Selbstausführende Präsentationen**, bei denen die Folien ohne Zutun des Vortragenden automatisch vom Präsentationsprogramm gewechselt werden, sind problematisch. Es erfordert sehr viel Übung, damit das Gesprochene und das an der Leinwand Gezeigte übereinstimmen. Das Publikum erkennt sonst sofort, dass das Präsentationsprogramm das Tempo des Vortrages diktiert und dass der Vortragende krampfhaft versucht, entweder durch schnelleres Sprechen mit dem Programm Schritt

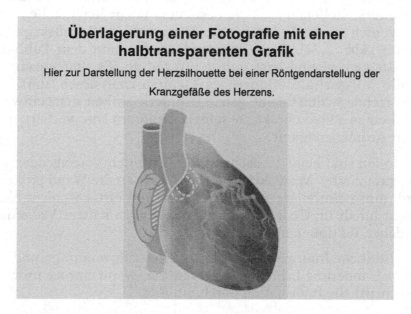

Abb. 3.20. Einzelne Aspekte einer Fotografie können durch animierte Überlagerung einer halbtransparenten Zeichnung hervorgehoben werden

zu halten oder durch unnatürlich langes Schweigen bzw. leere
Äußerungen die Zeit bis zum Erscheinen der nächsten Folie
totzuschlagen.

– Bestimmte Animationseffekte von neueren Versionen der Präsentationsprogramme werden von älteren Versionen nicht unterstützt. Das kann dann zu **Kompatibilitätsproblemen** führen,
wenn nicht der eigene Computer für den Vortrag verwendet
wird. Überprüfen Sie daher rechtzeitig vor Ihrem Auftritt, ob
alle verwendeten visuellen Effekte mit dem vom Veranstalter
zur Verfügung gestellten Computer problemlos ablaufen.

3.3.2 Die verschiedenen Arten von Folien

3.3.2.1 Textfolien

3.3.2.1.1 Funktion

Textfolien sind sinnvoll, um bestimmte Informationen (wie z. B.
die Zusammenfassung der wichtigsten Punkte des Vortrages) her-
vorzuheben und um den Titel und die Gliederung des Vortrages zu
veranschaulichen.

Bei wissenschaftlichen Vorträgen werden meist zu viele Textfolien
verwendet, vielleicht weil sie besonders leicht herzustellen sind.
Oft werden sie als Ersatz für ein Wort-für-Wort-Manuskript eingesetzt (Abb. 3.21). Der Vortragende dreht dann dem Publikum
den Rücken zu und liest von der Wand ab. Es findet dann ein
an die Volksschule erinnerndes Gemeinschaftslesen statt. Der
Vortragende widmet seine ganze Aufmerksamkeit der Leinwand,
hält keinen Blickkontakt zu seinen Zuhörern und verliert rasch
deren Aufmerksamkeit.

Textfolien sind keine Gedächtnisstütze für den Vortragenden und
kein projiziertes Manuskript. Je mehr Text an die Wand projiziert
wird, umso eintöniger wird der Vortrag und umso weniger bleibt
dessen Inhalt im Gedächtnis der Anwesenden haften. Verwenden
Sie daher Textfolien nur gezielt.

Eine bildliche Information wird schneller aufgenommen und länger in Erinnerung behalten. Ersetzen Sie, wenn immer möglich,
die schriftliche Information durch ein Bild.

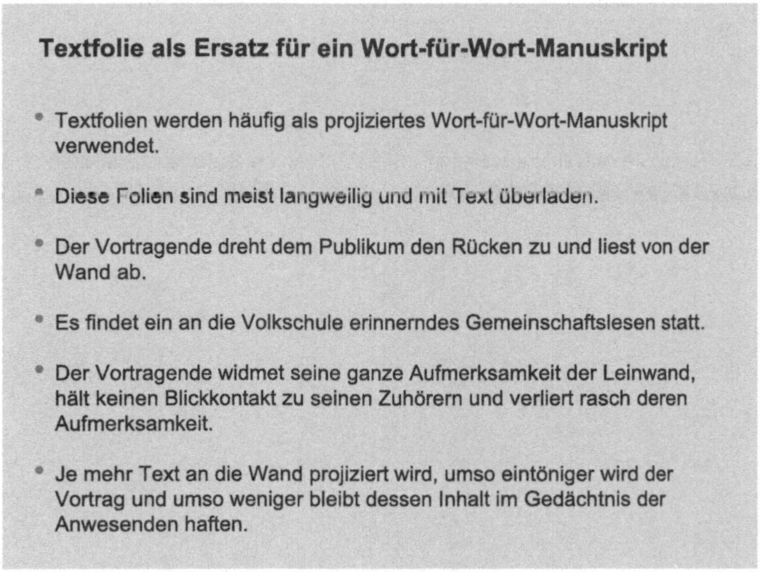

Textfolie als Ersatz für ein Wort-für-Wort-Manuskript

* Textfolien werden häufig als projiziertes Wort-für-Wort-Manuskript verwendet.

* Diese Folien sind meist langweilig und mit Text überladen.

* Der Vortragende dreht dem Publikum den Rücken zu und liest von der Wand ab.

* Es findet ein an die Volkschule erinnerndes Gemeinschaftslesen statt.

* Der Vortragende widmet seine ganze Aufmerksamkeit der Leinwand, hält keinen Blickkontakt zu seinen Zuhörern und verliert rasch deren Aufmerksamkeit.

* Je mehr Text an die Wand projiziert wird, umso eintöniger wird der Vortrag und umso weniger bleibt dessen Inhalt im Gedächtnis der Anwesenden haften.

Abb. 3.21. Textfolien als Ersatz für ein Wort-für-Wort-Manuskript sind nicht empfehlenswert

3.3.2.1.2 Format

– **Geben Sie jeder Textfolie eine Überschrift**, die auf das in der Folie behandelte Thema hinweist. Eine Folie beinhaltet somit nur thematisch zusammenhängende Informationen.

– **Überladen Sie Textfolien nicht**. Einfache und knappe Formulierungen sind angenehm zu lesen und lassen die Schlüsselbegriffe deutlich ins Auge springen. Der knappe Text wird durch Ihre Ausführungen ergänzt. Verwenden Sie ausgeschriebene Sätze nur gelegentlich, z. B. in einem Zitat oder im Folientitel. Der Zuhörer kann nämlich immer den Text schneller lesen, als Sie ihn sprechen können. Sie laufen damit Gefahr, überflüssig zu werden.

– Eine Textfolie soll nicht mehr als fünf **Aufzählungspunkte** enthalten. Diese sind maximal zwei Zeilen lang. Verwenden Sie **schlichte Aufzählungszeichen**, um die Punkte zu signalisieren, ohne von deren Inhalt abzulenken (Abb. 3.22). Mit numerischen Aufzählungszeichen weisen Sie auf eine chronologische oder hierarchische Reihenfolge hin.

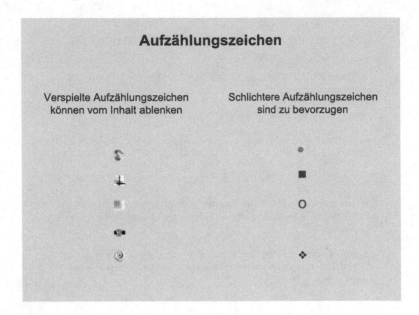

Abb. 3.22

Bei der Computer- oder Overheadprojektion blenden Sie eine Folie mit mehreren Aufzählungszeichen schrittweise ein, um diese dadurch übersichtlich zu kommentieren.

– Verwenden Sie **nur allgemein bekannte Abkürzungen** (z. B. AIDS), damit auch Zuhörer, denen die Abkürzung nicht geläufig ist, und jene, die bei deren Erklärung unaufmerksam waren, den Inhalt der Folie verstehen können.

3.3.2.2 Besondere Folien

Folgende Folien helfen dem Zuhörer, sich im Vortrag zurechtzufinden.

3.3.2.2.1 Titelfolie

Die Titelfolie zeigt den Titel des Vortrages, wie er im Tagungsprogramm erscheint, die Namen der Autoren und die Abteilung oder Institution, der sie angehören. Sie wird meist als erste Folie an die Wand projiziert. Damit werden für die Zuhörer, die kein Tagungsprogramm zur Hand haben, das Thema des Vortrages und die an der Arbeit beteiligten Autoren präsentiert. Die Titelfolie ist daher vor allem beim Kurzvortrag wichtig, bei dem der Vortragende kaum Zeit hat, sich dem Publikum vorzustellen.

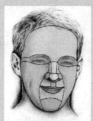

Die Rekonstruktion des Gesichtes nach anatomischen Einheiten

R. Kuzbari, I. Schlenz, N. Chichakli, A. Dobrovits

Abteilung für Plastische und Wiederherstellungschirurgie
Wilhelminenspital
Wien

Abb. 3.23. Beispiel einer Titelfolie. Sie zeigt den Titel des Vortrages, die Namen der Autoren und die Abteilung oder Institution, der sie angehören. Durch die Verwendung eines Bildes werden die schriftlichen Angaben konkretisiert

Schreiben Sie auf der Titelfolie Ihren Namen als Vortragender entweder als ersten der Autorennamen, oder heben Sie ihn durch Fettschrift bzw. Farbe hervor.

Konkretisieren Sie die schriftlichen Angaben durch Verwendung von Bildern (Abb. 3.23). Ein mit dem Titel des Vortrages zusammenhängendes Bild ermöglicht einen raschen Eintritt in das Thema und kann sogar auf dessen Wichtigkeit hinweisen (z. B. das Bild einer Landüberschwemmung bei einem Vortrag über die globale Klimaerwärmung). Mit einem Gruppenbild der Autoren weisen Sie auf die Bedeutung der Teamarbeit beim Zustandekommen des Forschungsprojektes hin. Ein Bild oder Logo Ihrer Arbeitsstätte betont Ihre institutionelle Zugehörigkeit.

3.3.2.2.2 Gliederungsfolie

Die Gliederungsfolie veranschaulicht die Gliederung des Vortrages in einzelne Abschnitte (Abb. 3.24). Sie wird am Anfang des Vortrages nach der Einleitung eingeblendet und zeigt den Zuhörern, durch welche Etappen sie der Vortrag führen wird. Am Beginn jedes Abschnittes wird die Gliederungsfolie, auf welcher

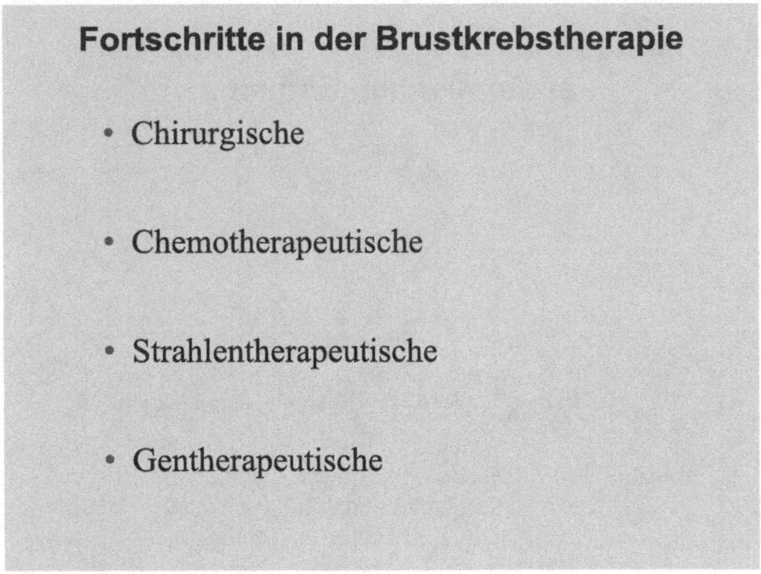

Fortschritte in der Brustkrebstherapie

* Chirurgische

* Chemotherapeutische

* Strahlentherapeutische

* Gentherapeutische

Abb. 3.24. Beispiel einer Gliederungsfolie. Sie zeigt die Gliederung des
Vortrages in einzelne Abschnitte

der aktuelle Abschnitt durch Farbe oder Fettschrift hervorgehoben ist, erneut gezeigt. Die auf diese Weise orientierten Zuhörer
können den Ausführungen des Vortragenden besser folgen. Die
einzelnen Abschnitte können leichter im Kontext des gesamten
Vortrages verstanden werden.

Eine Gliederungsfolie ist vor allem dann wichtig, wenn der
Hauptteil des Vortrages nicht der allgemein üblichen Organisation
folgt oder komplex aufgebaut ist. Bei kurzen klassisch aufgebauten
wissenschaftlichen Vorträgen (Einleitung – Methodik – Ergebnisse –
Schlussfolgerung) kann die Gliederungsfolie entfallen.

Schreiben Sie auf die Gliederungsfolie nur die Abschnitte und
Unterabschnitte des Hauptteiles. Die Einleitung und der Abschluss
sind Bestandteile jedes Vortrages und müssen nicht gesondert auf
der Folie erscheinen.

Die Folie kann Bilder enthalten, die die einzelnen Vortragsabschnitte
symbolhaft repräsentieren (Abb. 3.25).

Bei erneuter Einblendung eines der Bilder erkennen die Zuhörer
auf Anhieb, dass der Vortragende an dem vom Bild symbolisierten
Abschnitt angekommen ist (Abb. 3.26).

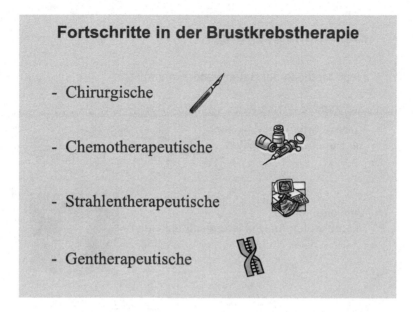

Abb. 3.25. Beispiel einer Gliederungsfolie mit Bildern, die die einzelnen Vortragsabschnitte symbolhaft repräsentieren

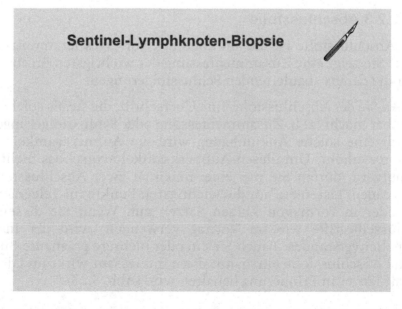

Abb. 3.26. Folie mit einem symbolhaften Bild aus der Gliederungsfolie in Abb. 3.25. Beim Erscheinen des Skalpellbildes wissen die Zuhörer, dass der Vortragende gerade über die chirurgischen Fortschritte in der Brustkrebstherapie berichtet

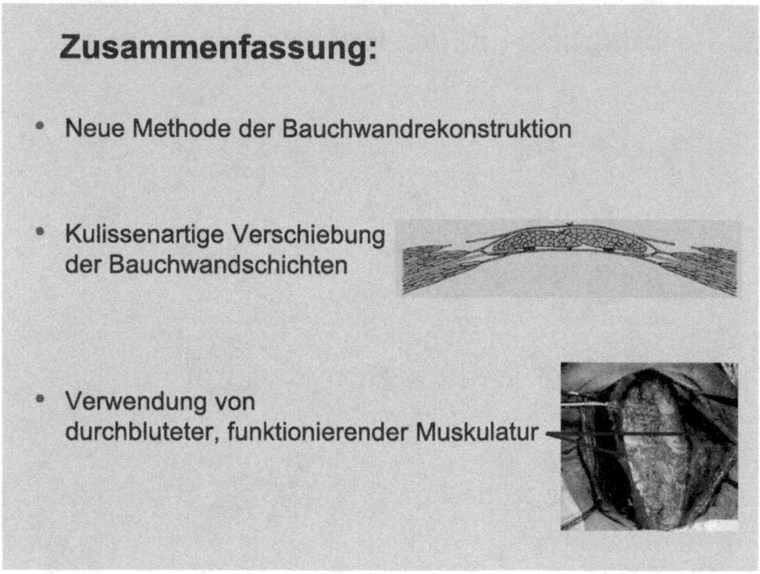

Abb. 3.27. Beispiel einer Abschlussfolie. Durch das erneute Zeigen von prägnanten Bildern aus dem Vortrag wird der Inhalt der Folie länger in Erinnerung behalten

3.3.2.2.3 Abschlussfolie

Die Abschlussfolie ist die am Ende des Vortrages letztprojizierte Folie. Sie zeigt eine Zusammenfassung der wichtigsten Ergebnisse oder die daraus abzuleitenden Schlussfolgerungen.

Geben Sie der Abschlussfolie eine Überschrift, die sie als solche erkennbar macht (z. B. Zusammenfassung oder Schlussfolgerungen). Durch eine solche Ankündigung wird die Aufmerksamkeit der Zuhörer erhöht. Um diesen Aufmerksamkeitsvorschuss nicht zu verpulvern, dürfen Sie nur eine, maximal zwei Abschlussfolien verwenden. Listen Sie nur die wichtigsten Punkte im Telegrammstil oder in Form von kurzen Sätzen auf. Wenn Sie dieselben Schlüsselbegriffe wie im Vortrag verwenden, wird der Inhalt schneller verstanden. Bauen Sie ein oder mehrere prägnante Bilder in die Abschlussfolie ein, damit diese interessant wirkt und deren Inhalt länger in Erinnerung behalten wird (Abb. 3.27).

3.3.2.2.4 Leerfolie

Verwenden Sie Leerfolien, wenn Sie über einen Punkt sprechen, für den es keine visuellen Hilfsmittel gibt, oder wenn Sie bei einer

Abb. 3.28. Beispiel einer Leerfolie. Leerfolien haben als alleinigen Inhalt die Hintergrundfarbe der anderen Folien

Doppelprojektion vorübergehend nur eine Folie mit Information zeigen.

Leerfolien haben als alleinigen Inhalt die Hintergrundfarbe der übrigen Folien (Abb. 3.28). Vermeiden Sie den Einsatz nicht in Zusammenhang mit dem Vortrag stehender Auflockerungsbilder wie Landschaften oder Malereien, um die Zuhörer nicht abzulenken. Die früher bei Doppeldiaprojektionen häufig verwendeten Schwarzdias erfüllen denselben Zweck wie Leerfolien, führen aber durch Abdeckung der Lichtquelle des Projektors zu einer zu starken Abdunkelung des Raumes.

3.3.2.3 Tabellen

Tabellen dienen der Zusammenfassung und dem Vergleich von (numerischen) Ergebnissen. Andere Wissenschaftler können durch deren Studium Berechnungen anstellen und die Arbeit des Autors nachvollziehen.

Das Lesen von Tabellen ist aber zeitaufwändig. In einem Vortrag hat der Zuhörer kaum Zeit, sich darin zu vertiefen. Aus diesem Grund sind Tabellen besser für die Publikation geeignet. Ein auf die Wand projiziertes Diagramm wird viel rascher erfasst als eine

**Prävalenz von rupturierten Brustimplantaten
zum Zeitpunkt der Magnetresonanz-Tomographie (MRT)**

Merkmal	Größe des Kollektivs		Rupturierte Implantate		Alter des Implantates (Jahre)	
	Anzahl der Frauen	Anzahl der Implantate	Anzahl	Prävalenz	Median	Streubreite
Gesamt	271	533	141	0,26	12	3-25
Alter des Implantats (Jahre)						
3 - 5	32	63	2	0,03	5	3-5
6 - 10	86	172	27	0,16	8	6-10
11 - 15	54	104	32	0,31	13	11-15
16 - 20	68	132	68	0,52	18	16-20
21+	32	62	12	0,19	23	21-25
Alter der Frauen zur Zeit der Implantation (Jahre)						
17-29	92	178	57	0,32	12	5-25
30-39	126	250	66	0,26	14	4-24
40-49	40	80	14	0,18	9	3-21
50-64	13	25	4	0,16	5	3-24
Implantatgeneration nach Implantationsjahr						
Erste (1974-1978)	32	62	12	0,19	23	21-25
Zweite (1979-1987)	107	208	93	0,45	17	12-20
Dritte (1988+)	132	263	36	0,14	7	3-11
Implantatgeneration nach Hüllencharakteristik						
Unbekannt	109	211	66	0,31	15	3-25
Erste	5	9	0	0,00	15	14-18
Zweite	67	130	62	0,48	17	12-22
Dritte	94	183	13	0,07	6	3-10
Implantattyp						
Doppelt	61	117	9	0,08	6	3-19
Einfach	207	402	124	0,31	14	3-25
Unbekannt	7	14	8	0,57	18	8-19
Kapselsprengung in Anamnese						
Nein	245	465	117	0,25	11	3-25
Ja	42	68	24	0,35	19	7-23
Seite						
Rechts	266	266	77	0,29	12	3-25
Links	267	267	64	0,24	12	3-25
Prothesenlage						
Subglandulär	86	164	37	0,23	19	3-25
Submuskulär	188	369	104	0,28	9	4-22

Abb. 3.29. Beispiel einer Folie mit einer Tabelle, die für eine wissenschaftliche Zeitschrift entworfen wurde. Solche Tabellen sind für Vorträge ungeeignet. Die Schrift ist zu klein und die Anzahl der Zeilen und Spalten zu groß. Aus Zeitgründen kann der Vortragende meist nur auf wenige relevante Bereiche der Tabelle eingehen (hier grün umrahmt)

Tabelle und sollte daher, wenn immer möglich, diese im Vortrag ersetzen.

Wenn Sie eine Tabelle in einem Vortrag zeigen müssen, dann gestalten Sie diese so einfach wie möglich. Komplexe Tabellen gehören in den Abstraktband oder in ein Handout.

Tabellen, die für wissenschaftliche Zeitschriften entworfen worden sind, sind ungeeignet für Vorträge. Die Schrift ist zu klein und die Anzahl der Zeilen und Spalten meist zu groß (Abb. 3.29).

Spätestens dann, wenn eine solche Tabelle während des Vortrages auf der Leinwand erscheint, erkennt der Vortragende die fehlende Übersichtlichkeit. Er deutet dann meist auf die wenigen Zahlen, die ihm im gerade besprochenen Zusammenhang wesentlich erscheinen. Das trägt auch nicht gerade zur Entwirrung einer komplexen Tabelle bei und hinterlässt bei den Zuhörern den Eindruck, dass der Vortragende nicht ausreichend vorbereitet ist. Es ist daher viel besser, die Tabelle neu zu entwerfen, sodass diese nur die für den Vortrag relevanten Zahlen enthält (Abb. 3.30).

– Eine Vortragstabelle sollte nur die unbedingt erforderlichen und im Vortrag erwähnten Daten enthalten.

Prävalenz von rupturierten Brustimplantaten zum Zeitpunkt der Magnetresonanz-Tomographie

Rupturrate 26% (141/533 Implantaten)

Generation des Implantats	Jahr der Implantation	Rupturierte Implantate %	Medianes Alter der Implantate Jahre
Erste	1974-78	19	23
Zweite	1979-87	45	17
Dritte	1988+	14	7

Abb. 3.30. Beispiel einer für den Vortrag entworfenen Tabelle. Die in Abb. 3.29 grün umrahmte Information wird hier auf übersichtliche und leserliche Art und Weise gezeigt

- Geben Sie jeder Vortragstabelle einen Titel.
- Wählen Sie die Einheiten so, dass die Zahlen klein und leicht leserlich sind.
- Zentrieren Sie die Zahlen an den Kommata, d. h., dass alle Kommata in einer Spalte direkt untereinander zu liegen kommen.
- Zeigen Sie möglichst keine Vortragstabellen, die mehr als drei Spalten und drei Zeilen haben.
- Eine Vortragstabelle ohne Rahmen und mit wenigen zarten Trennlinien ist leichter zu lesen.
- Verwenden Sie bei Vortragstabellen möglichst keine Fußnoten.

3.3.2.4 Diagramme

Diagramme dienen der übersichtlichen und einprägsamen Darstellung von wissenschaftlichen Daten. Die Botschaft eines Diagramms wird viel rascher erfasst als die einer Tabelle (Abb. 3.31).

Bei einem Vortrag sollten Sie, wenn immer möglich, **Diagrammen gegenüber Tabellen den Vorzug geben**. Formatieren Sie jedes Diagramm so, dass die wesentliche Information dem Betrachter sofort ins Auge springt. Die meisten handelsüblichen Grafikprogramme

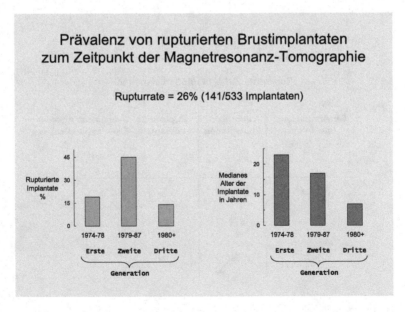

Abb. 3.31. Beispiel des Ersetzens einer Tabelle mit einem Diagramm. Die Information von der Vortragstabelle in Abb. 3.30 wird mit Hilfe von zwei Säulendiagrammen noch übersichtlicher dargestellt

bieten alle für eine effektive Diagrammgestaltung erforderlichen Optionen an. Die beste Software ist aber nicht in der Lage, das für die jeweiligen Daten optimale Format zu wählen und die wesentliche Information in den Mittelpunkt zu rücken.

Vortragsdiagramme sind nur dann effektiv, wenn sie **nicht mit Informationen überladen** sind. Teilen Sie ein komplexes Diagramm entweder in mehrere Einzeldiagramme auf, oder bauen Sie es mit Hilfe von Computeranimationen schrittweise auf (Abb. 3.19). Prüfen Sie kritisch, ob alle Elemente eines komplexen Diagramms tatsächlich gezeigt werden müssen.

Gute Diagramme sind **sachlich formatiert**. Die vielen Möglichkeiten der Grafikprogramme verleiten zur Verwendung von dekorativem Firlefanz (Abb. 3.32). Die Funktion eines Diagramms ist aber die effiziente Präsentation von Daten, nicht die Unterhaltung oder Blendung der Zuschauer.

– Jede Linie oder Farbe muss eine Aufgabe erfüllen.

– Eine **Umrahmung** des Titels oder des Diagramms macht die Folie unruhig und erfüllt keinen Zweck.

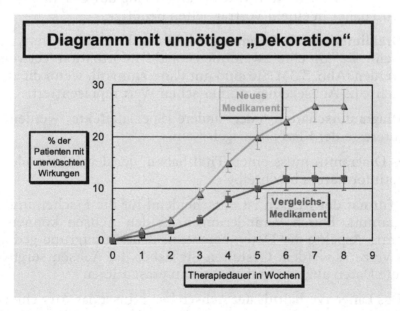

Abb. 3.32. Diagramm mit dekorativem Firlefanz. Folgende Elemente erfüllen keine informative Information: Diagrammrahmen, Gitterlinien, dichte Striche der Achsenskala, gesonderte Farbe der Achsenzahlen, Schatten sowie die Umrahmung der Datenpunkte, der Diagrammbeschriftung, der Achsenbeschriftung und des Diagrammtitels

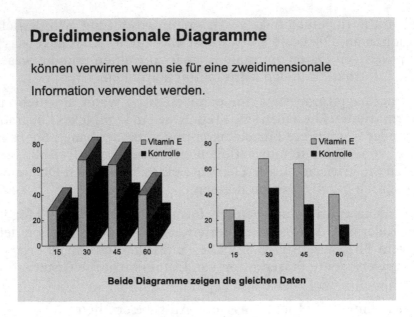

Abb. 3.33

– Ein **Raster** erleichtert Messungen entlang des Diagramms und wird daher in einem Vortrag selten benötigt.

– **Dreidimensionale Diagramme** können die Zuhörer verwirren, wenn sie für eine zweidimensionale Information verwendet werden (Abb. 3.33). Sie sind nur dann sinnvoll, wenn die dritte Achse (Z-Achse) einen numerischen Wert repräsentiert.

– **Diagrammschatten** oder andere Spezialeffekte werden im Interesse der Klarheit ausgelassen.

Jedes Diagramm muss einen **Titel** haben, der den Inhalt oder die Hauptinformation beschreibt.

Das **Format der Achsen** ist entscheidend für die Erscheinung des Diagramms. Durch Veränderungen an den Achsen können bestimmte Aspekte der Daten betont, in den Hintergrund gedrängt oder verzerrt werden. Gestalten Sie daher die Achsen sorgfältig, um die Daten akkurat und effektiv zu präsentieren.

– Das **Längenverhältnis der Achsen** beeinflusst das Aussehen des Diagramms und muss so gewählt werden, dass Letzteres die wahre Verteilung der Daten widerspiegelt (Abb. 3.34).

– Eine Achse soll nur dann als **durchgehende Linie** erscheinen, wenn sie eine kontinuierliche numerische Skala repräsentiert.

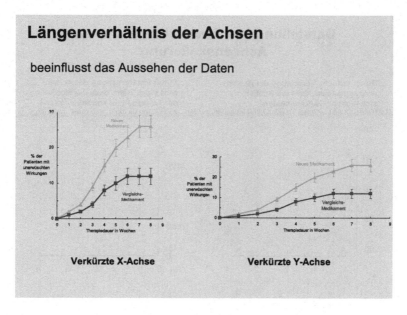

Abb. 3.34

Bei eindimensionaler Information reicht eine einzige durchgehende Achse (Abb. 3.35).

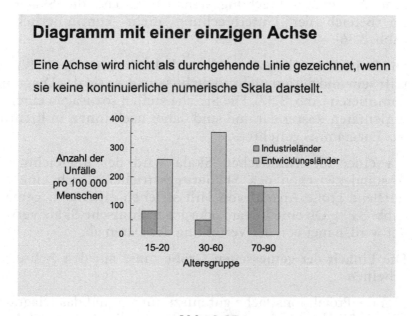

Abb. 3.35

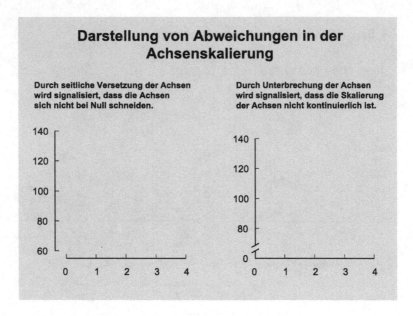

Abb. 3.36

- **Wenn die Skalierung nicht bei Null anfängt**, dann muss das durch eine seitliche Versetzung der Achsen für den Zuhörer leicht ersichtlich gemacht werden (Abb. 3.36).

- Eine **Achsenunterbrechung** signalisiert, dass die Skalierung im Bereich der Unterbrechung nicht kontinuierlich ist (Abb. 3.36).

- Die **Striche einer linearen Achsenskala** müssen regelmäßig verteilt sein und dürfen nicht so dicht sein, dass sie das Diagramm dominieren (Abb. 3.37). Die Striche stellen sozusagen einen rudimentären Raster dar und sind daher nach innen in Richtung des Diagramms gerichtet.

- Bei einer **logarithmischen Skala** wird der ungleichmäßige Abstand zwischen den Skalierungsstrichen durch eine ausreichend große Anzahl von Hilfsstrichen erkennbar gemacht (Abb. 3.38). Ob eine lineare oder logarithmische Skala verwendet wird, hängt von der Verteilung der Daten ab.

- Die **Einheit der gemessenen Größe** muss auf den Achsen erscheinen.

- Um die Projektionsfläche gut auszunützen und das Diagramm in den Vordergrund zu rücken, dürfen die **Achsen nicht zu**

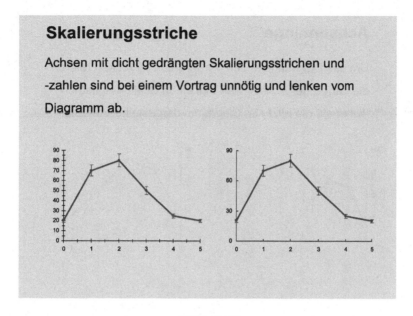

Abb. 3.37

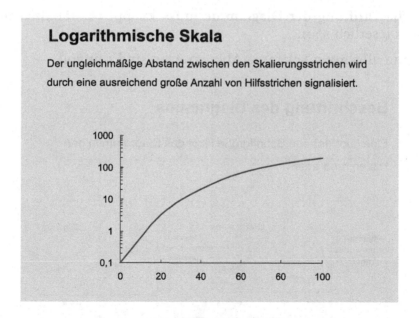

Abb. 3.38

lang sein. Die optimale Achsenlänge reicht maximal einen Skalierungsstrich weiter als der letzte im Diagramm dargestellte Datenpunkt (Abb. 3.39).

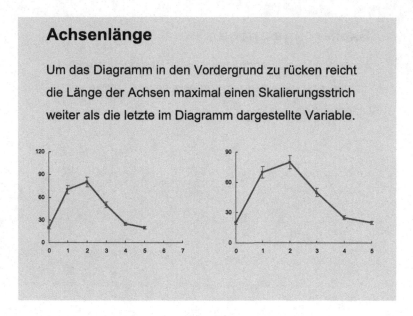

Achsenlänge

Um das Diagramm in den Vordergrund zu rücken reicht die Länge der Achsen maximal einen Skalierungsstrich weiter als die letzte im Diagramm dargestellte Variable.

Abb. 3.39

Die **Beschriftung der Diagramme** muss knapp, verständlich und leicht leserlich sein.

– Nur allgemein bekannte Abkürzungen sind sinnvoll.

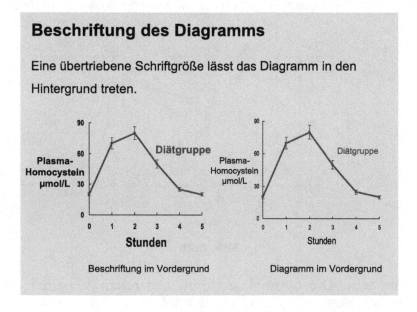

Beschriftung des Diagramms

Eine übertriebene Schriftgröße lässt das Diagramm in den Hintergrund treten.

Abb. 3.40

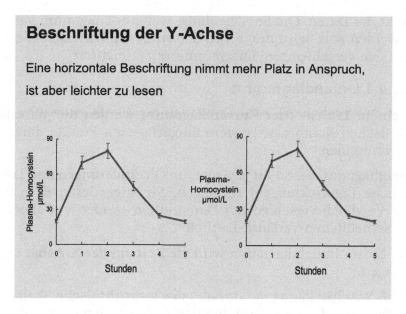

Abb. 3.41

– Eine übertriebene Schriftgröße kann die Folie dominieren und
das Diagramm in den Hintergrund treten lassen (Abb. 3.40).

– Die **Beschriftung der Y-Achse** soll horizontal sein. Das nimmt
zwar mehr Platz in Anspruch, ist aber auf der Folie leichter zu
lesen (Abb. 3.41). Die Beschriftung der Y-Achse kann entweder
neben oder aus Platzgründen auch oberhalb der Achse platziert
sein.

– Die **Beschriftung der X-Achse** erfolgt zentriert unter der
Achsenlinie.

Eine **Legende**, die die verschiedenen Farben und Symbole des Diagramms erklärt, erscheint idealerweise in der Nähe des Diagramms
(Abb. 3.35). Dadurch muss das Auge des Betrachters nicht zwischen dem Diagramm in der Mitte der Folie und einer am Rand
der Folie platzierten Legende hin und her wandern. Noch besser
ist es, wenn auf eine Legende verzichtet werden kann und die
Beschriftung direkt erfolgt (Abb. 3.31, 3.42, 3.44).

Formatieren Sie alle Diagramme eines Vortrages einheitlich, indem Sie dieselben Farben und Symbole für dieselben Variablen
verwenden.

Eine Datenreihe kann oft mit verschiedenen Diagrammarten veranschaulicht werden. **Jede Diagrammart betont einen bestimmten**

Aspekt der Daten. Die Entscheidung, welches Diagramm verwendet werden soll, wird durch die Kenntnis der Unterschiede zwischen den verschiedenen Diagrammarten erleichtert.

3.3.2.4.1 Liniendiagramme

Bei einem **Linien- oder Kurvendiagramm** werden die auf einem kartesischen Koordinatensystem eingetragenen Punkte durch Linien verbunden.

Liniendiagramme sind gut geeignet, um **Veränderungen und Trends** (zeitliche Entwicklungen) zu zeigen. Sie suggerieren Bewegung. Beim Vergleich verschiedener Datenreihen werden vor allem die unterschiedlichen Verläufe deutlich.

– In einem Liniendiagramm wird die **Zeit auf der X-Achse** eingetragen.

– Die Y-Achse kann eine lineare oder logarithmische Skalierung aufweisen. Letztere wird durch eine ausreichende Anzahl von Skalierungsstrichen deutlich signalisiert.

– Wenn eine Skalierung nicht bei Null anfängt, dann sollte dies durch Achsenversetzung oder Unterbrechung deutlich gemacht werden. Achsen, die nicht bei Null anfangen, können nämlich zu einer irreführenden Veränderung des Erscheinungsbildes der Kurven führen.

– Die verschiedenen Kurven müssen durch unterschiedliche Farben, Linienstile und Symbole leicht zu unterscheiden sein (Abb. 3.42).

– Die **Linienstärke** der Kurven muss immer größer sein als die der Achsen. Stärkere Linien lassen die Kurven mehr in den Vordergrund treten und werden daher für die wichtigen Kurven verwendet. Die Kurve einer Kontrollgruppe kann hingegen eine dünnere Linie aufweisen.

– Eine direkte Beschriftung der Kurven ist, wegen der schnelleren Lesbarkeit, der Verwendung einer Legende vorzuziehen.

3.3.2.4.2 Streuungsdiagramme

Im Streuungsdiagramm werden die Werte von zwei zueinander in Beziehung stehenden Faktoren visualisiert. Die Verteilung der einzelnen Punkte in der Graphik ermöglicht Rückschlüsse über die Art der Beziehung (Korrelation) zwischen den beiden Faktoren.

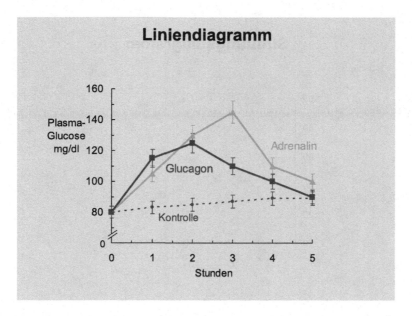

Abb. 3.42. Beispiel eines Liniendiagramms. Die verschiedenen Kurven sind durch unterschiedliche Farben, Linienstile und Symbole leicht zu unterscheiden. Die Kurve der Kontrollgruppe weist eine dünnere Linie auf

Durch eine Anpassung einer Regressionslinie ist der Zusammenhang zwischen den Variablen leichter ersichtlich (Abb. 3.43).

Die Formatierung der Streuungsdiagramme ähnelt der Formatierung der Liniendiagramme.

3.3.2.4.3 Säulen- und Balkendiagramme

Säulendiagramme zeigen die Daten in der Form von vertikalen Säulen, deren Höhe der gemessenen Menge entspricht. Die Breite der Säulen spiegelt keinerlei Wert wider und kann beliebig gewählt werden. Balkendiagramme zeigen dieselbe Information mittels horizontaler Balken und erfüllen dieselbe Funktion wie Säulendiagramme (Abb. 3.44).

– Säulen- und Balkendiagramme sind **gut geeignet, um Daten direkt zu vergleichen**.

– Wenn die X-Achse eine Zeitachse ist, werden mit Säulendiagrammen die Werte der Messungen und die **Unterschiede zwischen den Messungen zu bestimmten Zeitintervallen** hervorgehoben. Zum Unterschied von Liniendiagrammen wirken die

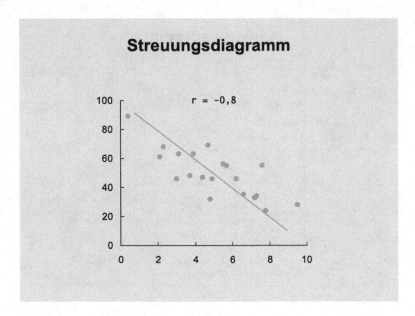

Abb. 3.43. Beispiel eines Streuungsdiagramms mit einer negativen Korrelation und einer Regressionslinie

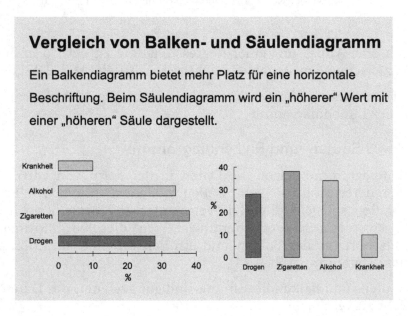

Abb. 3.44

Messungen statisch und betonen weniger den kontinuierlichen zeitlichen Verlauf (Abb. 3.45).

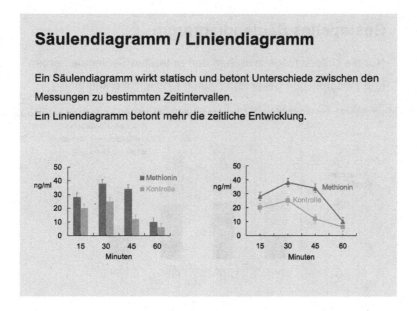

Abb. 3.45

– **Balkendiagramme** haben den Vorteil, dass sie ausreichend Platz für eine horizontale Beschriftung der Balken bieten (Abb. 3.44).

– Zeitliche Messungen werden besser mit Säulendiagrammen gezeigt, weil allgemein erwartet wird, dass die X-Achse die Zeit symbolisiert.

– Die räumliche Anordnung von Säulendiagrammen ist logischer, wenn Werte verglichen werden, weil ein *höherer* Wert mit einer *höheren* Säule dargestellt wird (Abb. 3.44).

– Säulen- und Balkendiagramme können auch nur **eine Achse mit einer kontinuierlichen numerischen Skala** haben, dann stellen sie nur eine Messung dar (Abb. 3.44). In diesem Fall wird die zweite Achse nicht durchgehend dargestellt, um deutlich zu machen, dass nur eine Variable gemessen wurde.

– Die **Farben der Säulen und Balken** müssen deutlich miteinander kontrastieren. Längere Säulen und Balken werden besser erkannt, wenn sie eine dunklere Farbe aufweisen.

– In **gestapelten Säulen- und Balkendiagrammen** werden die einzelnen Komponenten von Gesamtwerten gezeigt. Diese Komponenten werden zu einem Ganzen addiert (sozusagen gestapelt). Damit werden gleichzeitig Unterschiede zwischen den Gesamtwerten

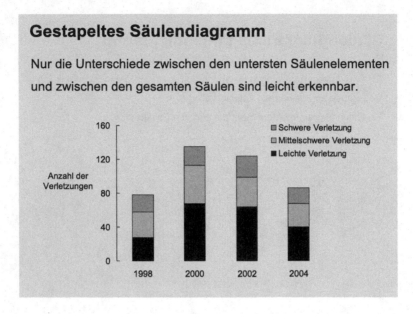

Abb. 3.46

und Unterschiede zwischen den Einzelkomponenten gezeigt. Bei mehr als zwei Einzelkomponenten pro Säule oder Balken sind allerdings die Unterschiede nur im Bereich des untersten Elements einer Säule (bzw. des linken Elements eines Balkens) und der gesamten Säule (bzw. Balkens) leicht erkennbar (Abb. 3.46).

3.3.2.4.4 Histogramme

Das Histogramm stellt die Häufigkeitsverteilung einer Variablen dar. Die gesammelten Werte der Variable werden zu Klassen zusammengefasst und mit einer Säule dargestellt. Die Höhe der Säule entspricht der Anzahl der Werte (Häufigkeit) einer Klasse. Die Fläche der einzelnen Säule ist proportional der Häufigkeit der jeweiligen Klasse (Abb. 3.47). Die Breite der Säulen des Histogramms entspricht der jeweiligen Klassenbreite (zum Unterschied zur Breite der Säulen eines Säulendiagramms, die keine Information enthält und beliebig wählbar ist). Die Klassen- oder Intervallbreite muss so gewählt werden, dass das Histogramm die tatsächliche Verteilung der Werte widerspiegelt. Ist die Anzahl der Klassen zu klein, geht zu viel Information verloren; ist sie zu groß, geht die Struktur verloren.

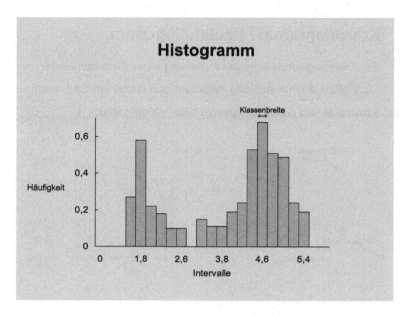

Abb. 3.47. Beispiel eines Histogramms, Es ist geeignet, die
Häufigkeitsverteilung großer Datenmengen zu zeigen

Mit einem Polygonzug, der die Mittelpunktc dcr oberen Säulen-
kanten verbindet, kann die Häufigkeitsverteilung in Form einer
durchgehenden Kurve dargestellt werden.

3.3.2.4.5 Kreisdiagramme

Ein Kreisdiagramm besitzt eine einzelne, kreisförmige Achse. Die
Gesamtfläche des Kreises ist in Segmente unterteilt, deren Fläche
der darzustellenden Menge entspricht.

Kreisdiagramme sind gut geeignet, um eine **Gesamtmenge und deren Aufteilung** zu zeigen.

- Nur deutliche Unterschiede zwischen den einzelnen Segmen-
  ten sind auf Anhieb erkennbar. Kreisdiagramme sind daher
  weniger gut geeignet als Säulen- und Balkendiagramme, um
  Gruppen zu vergleichen (Abb. 3.48).

- Je größer die Anzahl der Kreissegmente, umso schwerer wird
  es, diese zu erkennen und zu beschriften.

- Die verwendeten Farben der Segmente müssen sich deutlich
  voncinander abheben. Kleinere Segmente werden besser gesehen, wenn sie eine dunklere Farbe haben.

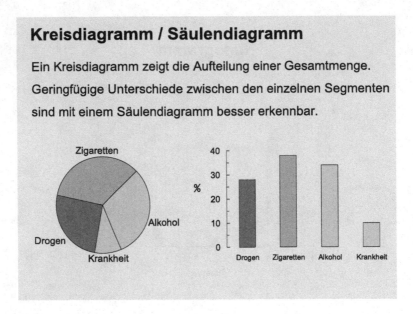

Abb. 3.48

– Die dreidimensionale Darstellung von Kreisdiagrammen hat
nur eine dekorative Funktion und kann durch perspektivi-
sche Verzerrung, einzelne Segmente größer erscheinen lassen
(Abb. 3.49).

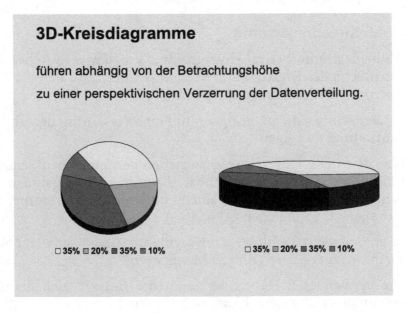

Abb. 3.49

3.3.2.5 Schemata und Flussdiagramme

Schemata und Flussdiagramme erleichtern die Mitteilung einer komplexen Information durch Visualisierung der wichtigen Elemente. Sie sind besser als Textfolien geeignet, um Methoden, experimentelle Anordnungen und Prozessabläufe darzustellen (Abb. 3.50).

- Da bei einem Vortrag die Projektionszeit der Folie beschränkt ist, dürfen Schemata und Flussdiagramme keinesfalls mit Information überladen sein. Deren Inhalt wird besser verstanden, wenn sie **einfach und übersichtlich** organisiert sind.

- Durch Umrahmung des Textes wird darauf hingewiesen, dass dieser ein bestimmtes Element symbolisiert.

- Durch Verwendung von Pfeilen wird gezeigt, in welcher Richtung das Diagramm zu lesen ist.

- Unterschiedliche Stärken der Pfeillinien weisen auf die unterschiedliche Bedeutung einzelner Abläufe hin.

- Kreisläufe werden mittels kreisförmiger Schemata und bogenförmiger Pfeile symbolisiert.

- Durch die Verwendung von Zeichnungen und Bildern werden Schemata und Flussdiagramme interessanter und prägnanter (Abb. 3.51).

3.3.2.6 Zeichnungen

Jede Folie wird durch das Einfügen einer Zeichnung konkreter, interessanter und einprägsamer. Ein Text soll, wenn immer möglich, durch eine repräsentative Zeichnung ersetzt werden. Eine Zeichnung ist auch informativer als eine Fotografie, weil sie weniger Details enthält und die wesentlichen Elemente eines Realbildes hervorhebt.

In einer Zeichnung sind unnötige Details zu vermeiden, um das Auge des Betrachters auf das Wesentliche zu lenken. Das Ziel einer guten Zeichnung ist nicht die Wiedergabe eines Realbildes.

Farbillustrationen (z. B. Tempera) und Halbtonzeichnungen ermöglichen eine feinere Darstellung der Einzelheiten als Strichzeichnungen (Abb. 3.52).

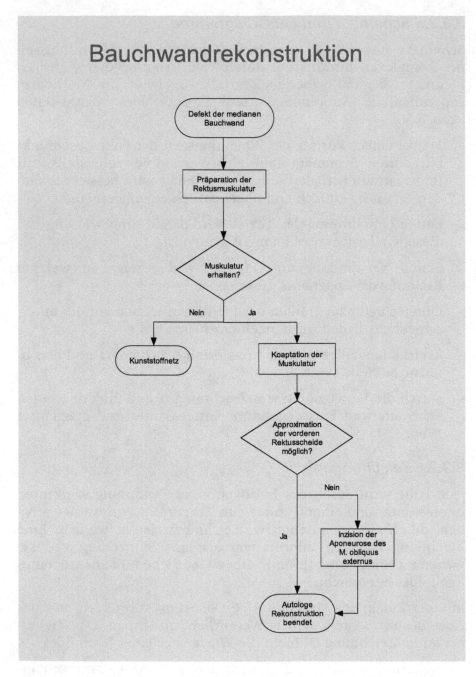

Abb. 3.50. Beispiel eines Flussdiagramms. Die Pfeile zeigen die Richtung, in der das Diagramm gelesen wird. Anfang und Ende sind mit „ovalen" Kästen dargestellt. Rechtecke signalisieren eine Aktion, rautenförmige Kästen eine Entscheidung

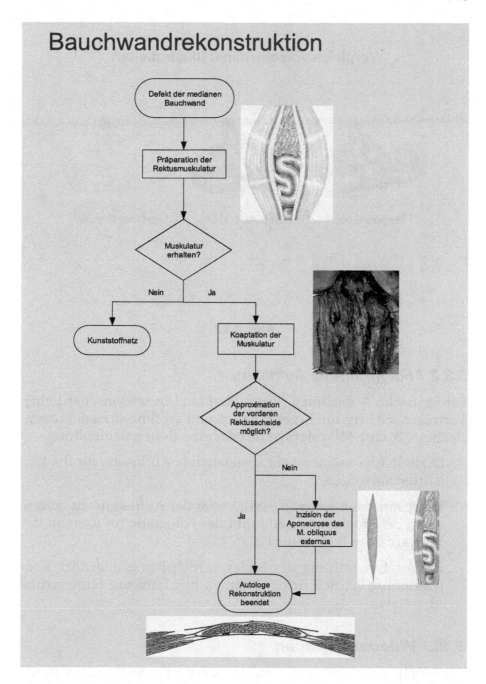

Abb. 3.51. Beispiel eines Flussdiagramms mit Konkretisierung der Aktionen durch Bilder

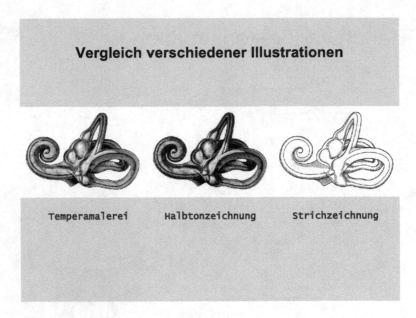

Abb. 3.52

3.3.2.7 Fotografische Aufnahmen

Fotografische Aufnahmen (Realbilder) sind in wissenschaftlichen Vorträgen wichtig, um Begebenheiten und Ergebnisse zu dokumentieren (z. B. eine Mikrofotografie oder eine Röntgenaufnahme).

– Digitalbilder müssen eine ausreichende Auflösung für die Projektion aufweisen.

– Es ist nur dann sinnvoll, das Datum der Aufnahme zu zeigen, wenn der Entstehungszeitpunkt der Fotografie im Kontext des Vortrages von Bedeutung ist.

– Bei der Beschriftung des Bildes wird bei ungenügender Kontrastierung der Schrift ein Rahmen mit farbigem Hintergrund verwendet.

3.3.3 Videoaufnahmen

Die Möglichkeit, Videos zu zeigen, ist einer der wichtigen Vorteile von Vorträgen gegenüber Publikationen in Zeitschriften. Einige Prozesse lassen sich am besten mit Hilfe eines Films dokumentieren (z. B. ein Versuch im Windkanal oder ein chirurgischer Eingriff).

Früher war das Zeigen von Videobändern umständlich. Die Bänder mussten dem Format des im Saal vorhandenen Videoprojektors entsprechen. Das Ein- und Ausschalten des Videoprojektors war mit einer Unterbrechung des Vortrages verbunden. Es kam außerdem immer wieder vor, dass die richtige Stelle des Bandes nicht sofort gefunden wurde.

Heute können Videosequenzen nahtlos in einer computerunterstützten Projektion integriert werden. Der Vortrag wirkt dann wie aus einem Guss. Kompatibilitätsprobleme mit einem fremden Computer oder dem Projektor sind aber leider trotzdem nicht auszuschließen.

- Wissenschaftliche Videos müssen ein Minimum an Qualität aufweisen, weil sie der Zuhörer unbewusst mit den perfekten Dokumentarfilmen, die täglich im Fernsehen zu sehen sind, vergleicht.

- Die Filme müssen logisch geschnitten werden und nur die allerwichtigsten Sequenzen zeigen. Ein digitaler Film kann heute leicht auf dem PC geschnitten werden, dieser Vorgang kann aber sogar für darin Geübte zeitaufwändig sein.

- Bei der Projektion einer Videosequenz ist die ganze Aufmerksamkeit der Zuhörer der Projektionswand gewidmet. Die Interaktion des Vortragenden mit dem Publikum kann während dieser Zeit verloren gehen. Um das zu verhindern, können Sie das Video stumm laufen lassen und dieses live kommentieren. Dies setzt natürlich voraus, dass Sie sich mit dem Film befasst und das Kommentieren geübt haben.

- Verzichten Sie allgemein auf eine Musikuntermalung. Diese erfüllt keinen informativen Zweck und lenkt das Publikum ab.

3.4 Demonstrationsobjekte

Gelegentlich ist es sinnvoll, während eines Vortrages einen Demonstrationsgegenstand im Saal herumreichen zu lassen. Damit bieten Sie den Zuhörern die Gelegenheit, zum Beispiel neuartige Materialien aus der Nähe zu betrachten und anzugreifen.

Das Herumreichen von Objekten verursacht aber Unruhe im Saal und kann die Zuhörer von den Ausführungen des Vortragenden ablenken. Das Pro und Kontra sollte vor der Verwendung von Demonstrationsobjekten abgewogen werden.

Das Verteilen von Demonstrationsgegenständen bei Vorträgen mit einer großen Anzahl von Teilnehmern ist nur dann empfehlenswert, wenn Sie eine ausreichende Anzahl von Objekten bereitstellen und diese im ganzen Saal verteilen.

Kapitel 4
Die Vorbereitung des Vortrages

In der Vorbereitungsphase wird der Grundstein zum Erfolg Ihres Vortrages gelegt. Die Legende des redegewandten Wissenschaftlers, der ohne jegliche Vorbereitung einen perfekten Vortrag aus dem Ärmel schüttelt, entbehrt jeder Grundlage. Die besten „Spontanvorträge" wurden meist lang und gut vorbereitet. Nur durch eine sorgfältige Vorbereitung wirken Ihre Ausführungen rund und ungezwungen.

Ein schlecht vorbereiteter Vortrag wirkt hingegen holprig und unausgereift. Der Vortragende kann trotz vieler Worte mit seinen Ausführungen nicht auf den Punkt kommen. Er kennt sein Publikum nicht und ist daher nicht in der Lage, dessen Interesse zu wecken. Er verwendet Folien mit überfüllten Tabellen und schlecht formatierten Diagrammen und wirkt bei jedem Folienwechsel vom neu an der Leinwand erscheinenden Bild überrascht, so als ob er dieses zum ersten Mal sehen würde. Da er die Dauer seines Vortrages falsch geschätzt hat, überschreitet er die vorgegebene Redezeit.

Ein solch offensichtlicher Mangel an Vorbereitung bleibt den Zuhörern natürlich nicht verborgen. Sie fühlen sich vom Vortragenden nicht ernst genommen und reagieren mit Abneigung und Desinteresse. Letztendlich haben sie in der Erwartung eines instruktiven und interessanten Vortrages Kosten und möglicherweise Reisestrapazen auf sich genommen.

Es sprechen also viele Gründe für eine ausreichende und systematische Vorbereitung des Vortrages.

4.1 Eingrenzung des Inhaltes

Eine der wichtigsten Fragen, die Sie am Beginn der Vortragsvorbereitung klären müssen, betrifft den Inhalt des Vortrages. Welche

Information soll mit dem Vortrag den Zuhörern vermittelt werden?

Die Antwort auf diese Frage erscheint auf den ersten Blick einfach: Mit dem Vortrag soll über eine wissenschaftliche Arbeit, deren Methodik, Ergebnisse und Schlussfolgerungen berichtet werden. Doch die meisten wissenschaftlichen Arbeiten bedienen sich komplexer Methoden, beschäftigen sich mit mehr als nur einer Fragestellung und haben mehrere Ergebnisse. Die Vortragszeit wird kaum ausreichen, um über alles zu berichten, was gemacht oder gefunden wurde.

Auch wenn Sie viel Zeit in eine Studie investiert haben und von Ihrer Arbeit begeistert sind, sollten Sie nicht der Versuchung unterliegen, zu viel Information in Ihren Vortrag zu packen. Wer in der vorgegebenen Zeit alles sagen will, läuft Gefahr, nicht verstanden zu werden, und kann damit enden, nichts gesagt zu haben.

Um diese Situation zu vermeiden, müssen Sie sich über die **Kernaussage** Ihres Vortrages klar werden. Das ist die wichtigste Information, die aus einer wissenschaftlichen Arbeit abgeleitet werden kann, also jene Botschaft, die von den Zuhörern am ehesten in Erinnerung behalten werden soll. Bauen Sie dann den Vortrag basierend auf dieser Kernaussage auf. Erwähnen Sie nur Methoden, die der Gewinnung dieser Information gedient haben und deren Validität untermauern. Gehen Sie nur auf Ergebnisse ein, die als Grundlage für diese Kernaussage dienen. Durch diese Eingrenzung des Inhaltes bleibt die Aufmerksamkeit der Zuhörer auf das Wesentliche fokussiert.

Erst wenn Sie diese Kernaussage ausreichend behandelt haben, können Sie, wenn die verbliebene Vortragszeit es erlaubt, weitere so genannte **sekundäre Aussagen** in den Vortrag integrieren. Bei jeder sekundären Aussage müssen Sie wiederum die zugrunde liegenden Methoden, Ergebnisse und Schlussfolgerungen darlegen.

Erwähnen Sie alle Methoden, statistischen Verfahren und Ergebnisse, die für die Erklärung und Validierung der Kernaussage und etwaiger sekundärer Aussagen nicht relevant sind, *nicht*. Ein Vortrag, der wie ein Tätigkeitsbericht klingt, langweilt das Publikum und rückt das Wesentliche in den Hintergrund.

4.2 Anpassung des Inhaltes an das Umfeld des Vortrages

Nachdem Sie den Inhalt des Vortrages auf die wesentliche Information eingegrenzt haben, passen Sie ihn an das Publikum und die Rahmenbedingungen des Vortrages an.

4.2.1 Anpassung an das Publikum

Es ist von eminenter Bedeutung, die Fachkenntnis und die Interessen Ihrer Zuhörer zu kennen. Das in Kapitel 2 erwähnte Sender-Empfänger-Prinzip (2.1) besagt, dass ein optimaler Empfang nur dann möglich ist, wenn der Sender und der Empfänger die gleiche Frequenz eingestellt haben. Auch der wissenschaftlich brillante und rhetorisch einwandfrei gehaltene Vortrag ist zum Scheitern verurteilt, wenn er die Zuhörer unterfordert, überfordert oder langweilt.

- **Die Fachkenntnis des Publikums bestimmt das Niveau des Vortrages**. Bei einem Publikum, das einheitlich mit dem Thema des Vortrages vertraut ist, müssen Sie bei der Einleitung weniger weit ausholen. Sie können mehr auf Details eingehen und geläufige Fachbegriffe ohne Erklärung verwenden. Bei einem Publikum, das hingegen auf diesem Gebiet weniger bewandert ist, müssen Sie in der Einleitung des Vortrages die Zuhörer allmählich an das Thema des Vortrages heranführen und dessen Bedeutung hervorheben. Ihre Ausführungen gehen weniger in die Tiefe und enthalten weniger Details. Ihre Sprache muss für alle verständlich bleiben, Fachbegriffe müssen Sie genau erklären oder umschreiben.

- Wenn Sie die **Interessen** der Zuhörer kennen, können Sie darauf eingehen und die für das Publikum relevanten Aspekte Ihrer Ergebnisse in den Vordergrund Ihrer Ausführungen rücken. Es geht dabei nicht um eine Änderung des Themas, sondern des Blickpunktes, aus dem eine wissenschaftliche Arbeit gesehen wird. Grundlagenforscher und in der Praxis tätige Wissenschaftler können an unterschiedlichen Gesichtspunkten ein und desselben Themas interessiert sein und unterschiedliche Erwartungen an Ihren Vortrag stellen.

Sie müssen darauf bedacht sein, das **Interesse der Zuhörer zu wecken**. Sie müssen die Bedeutung des Themas betonen, die wissenschaftliche Fragestellung spannend schildern, das Neue klar herausstreichen und abstrakte Inhalte durch praktische Beispiele konkretisieren.

Informieren Sie sich daher frühzeitig über die beim Vortrag erwarteten Zuhörer, bevor Sie eine Vortragszusammenfassung einreichen oder einen Vortragstitel bekannt geben. Meist erlaubt die vom Veranstalter ausgesandte Ankündigung des Vortrages oder der Tagung Rückschlüsse auf die Zielgruppe. Wen spricht diese Ankündigung an? An wen wurde sie ausgesandt? Handelt es sich zum Beispiel um die Jahrestagung einer bestimmten wissenschaftlichen Fachgruppe, oder ist es eine multidisziplinäre Veranstaltung? Sie können sich, falls erforderlich, beim Veranstalter oder bei jemandem, der früher an einer solchen Tagung teilgenommen hat, erkundigen.

Wählen Sie den Titel des Vortrages und schreiben Sie die Vortragszusammenfassung erst, nachdem Sie diese Informationen eingeholt haben. Die Sprache des Titels und der Vortragszusammenfassung müssen nämlich für alle Zuhörer verständlich sein. Fachjargon ist bei einem nicht versierten Publikum zu vermeiden.

Der **Titel des Vortrages** sollte nicht nur das Thema allgemein ankündigen, sondern den Inhalt des Vortrages beschreiben. Ein zu allgemein formulierter Titel kann die falschen Zuhörer in den Vortragssaal mit Erwartungen locken, denen Sie mit Ihren Ausführungen nicht gerecht werden können, weil Sie zum Beispiel nur über einen bestimmten Teilaspekt des angekündigten Themas referieren.

Schwierig wird das Festlegen des Vortragsniveaus bei einem **inhomogenen Publikum**, das sich aus Fachleuten und interessierten Laien zusammensetzt. Sie müssen in einem solchen Fall einen Spagat vollbringen, um die einen nicht zu langweilen und die anderen nicht zu überfordern. Die Sprache muss für alle gleichermaßen verständlich gewählt werden. Beginnen Sie die Einleitung allgemein, um alle Anwesenden an das Thema heranzuführen. Weisen Sie aber auf die neu gewonnenen Erkenntnisse hin, um das Interesse der Spezialisten hochzuhalten. In den einzelnen Abschnitten des Hauptteils des Vortrages halten Sie das Niveau anfangs niedrig und heben es dann allmählich durch eine Vertiefung in das Thema und die Erwähnung von Details (Abb. 4.1).

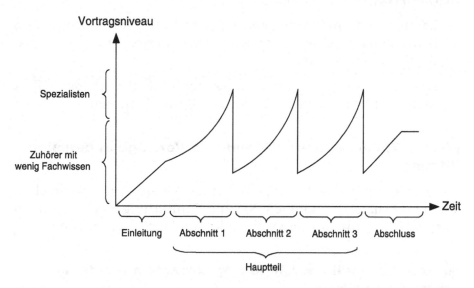

Vortragsniveau bei einem inhomogenen Publikum

Abb. 4.1. Wahl des Vortragsniveaus bei einem inhomogenen Publikum, das sich aus Spezialisten und Zuhörern mit wenig Fachwissen zusammensetzt. Die Einleitung wird auf niedrigem Niveau begonnen, um alle Anwesenden an das Thema heranzuführen. In den einzelnen Abschnitten des Hauptteils des Vortrages ist das Niveau anfangs niedrig und wird allmählich durch Vertiefung in das Thema und Erwähnung von Details gehoben. Diese Phase der „Details" darf nicht zu lange dauern, um die weniger bewanderten Zuhörer nicht zu überfordern. Der Abschluss muss für alle Zuhörer gleichermaßen verständlich und interessant sein

4.2.2 Anpassung an die Rahmenbedingungen

Neben der Zusammensetzung des Publikums beeinflussen die Rahmenbedingungen des Vortrages die Vorbereitungsphase.

Wie wird die Tagung vom Veranstalter gestaltet?

– Bei einem klassischen Frontalvortrag mit anschließender Diskussion können Ihre Ausführungen einem starren Plan folgen.

– Bei einem informellen Vortrag mit Diskussionsfragen während der Redezeit ist mehr Flexibilität in der Gestaltung des Inhaltes und der audiovisuellen Hilfsmittel gefordert.

– Bei einem Vortrag im Rahmen einer Podiumsdiskussion ist meist das Eingehen auf nur einen bestimmten Teilaspekt des Themas gefragt.

Handelt es sich um einen Hauptvortrag oder um einen Kurzvortrag?

– Beim ersten sind Auflockerungen in Form von persönlichen Bemerkungen, eine historische Perspektive, Anekdoten und Beispiele erwünscht.

– Der Kurzvortrag hingegen muss aufgrund der knappen Zeit sachlich bleiben und direkt auf den Punkt kommen.

Welche Themen haben die anderen Vorträge in derselben Sitzung?

Wenn vorausgehende Vorträge verschiedene Aspekte des gleichen Themas behandeln, können Sie die Einführung in das Thema knapp halten, um eine langweilige Redundanz zu vermeiden.

An welcher Stelle des Tagungsprogramms wurde der Vortrag eingeteilt?

Das Publikum ist in einer Vormittagssitzung aufmerksamer und kann mehr Informationen aufnehmen als nach dem Mittagessen oder am Ende der Nachmittagssitzung. Wenn der Vortrag zu einer ungünstigen Tageszeit eingeteilt worden ist, überlegen Sie, den einen oder anderen Punkt wegzulassen, um das müde Publikum nicht zu überfordern.

Welche audiovisuellen Medien können verwendet werden?

Die Antwort auf diese Frage hängt von der Anzahl der zu erwartenden Zuhörer und der vom Veranstalter bereitgestellten Geräte ab. Diese Rahmenbedingungen müssen vor dem Entwurf der visuellen Hilfsmittel geklärt werden.

4.3 Organisation des Vortrages

Nachdem der Inhalt des Vortrages eingegrenzt und an das Umfeld angepasst wurde, wird er in eine vortragsgerechte Form organisiert.

Durch die **Gliederung des Vortrages** wird die unzusammenhängende Brühe an gesammelten Informationen zu einem nachvollziehbaren gedanklichen Konstrukt geformt. Die Grundgliederung in Einleitung, Hauptteil und Abschluss haben alle Vorträge gemeinsam.

Ähnlich einer Publikation wird **beim klassischen Aufbau eines Vortrages** in der Einleitung erzählt, warum die Arbeit gemacht wurde, im Hauptteil wird erklärt, wie die Arbeit gemacht wurde und was herausgefunden wurde, zum Abschluss wird das Herausgefundene gedeutet.

Der Inhalt des Hauptteiles wird in maximal drei oder vier **Abschnitte** unterteilt. Eine zu große Anzahl von Abschnitten erschwert die Orientierung der Zuhörer und entmutigt sie. Die Reihung der Abschnitte kann chronologisch die Bedeutung der behandelten Punkte widerspiegeln oder nach anderen Kriterien erfolgen. Wichtig ist, dass die Logik, die der Reihung der Abschnitte zugrunde liegt, nachvollziehbar ist. Vor allem komplexe Gliederungen (z. B. eine parallele Versuchsanordnung, deren Ergebnisse zusammengefasst werden (Abb. 4.2)) müssen erklärt werden. Die Erklärung erfolgt am besten mit Hilfe einer sorgfältig gestalteten Gliederungsfolie (Abb. 3.25).

Um zu verhindern, dass die Zuhörer vor lauter Bäumen den Wald nicht sehen, dürfen Sie im Hauptteil des Vortrages nur jene Details, die zum Verständnis der Schlussfolgerungen erforderlich sind, erwähnen. Die Zuhörer haben nicht die Möglichkeit, zurückzublättern oder bei einem bestimmten Punkt länger zu verweilen. Ein Vortrag ist daher nicht geeignet, andere Wissenschaftler in die Lage zu versetzen, ein Experiment zu wiederholen, er dient vielmehr der überblicksmäßigen Darstellung. Die Schilderung der Methoden und Ergebnisse muss einfach sein und darf nur das Wesentliche berücksichtigen.

Heben Sie **wichtige Informationen** durch Wiederholung, visuelle Darstellung und Erwähnung an prominenten Stellen des Vortrages (z. B. in der Einleitung, am Anfang eines Abschnittes des Hauptteiles oder im Abschluss) hervor.

Um das Wesentliche verstärkt in den Vordergrund zu rücken, ist es gelegentlich erforderlich, vom klassischen Aufbau eines wissenschaftlichen Vortrages abzuweichen und die Ergebnisse (das Herausgefundene) gleich in der Einleitung des Vortrages zu erwähnen. Das ist vor allem dann sinnvoll, wenn die Vortragszeit für den Aufbau der Spannung zwischen der wissenschaftlichen

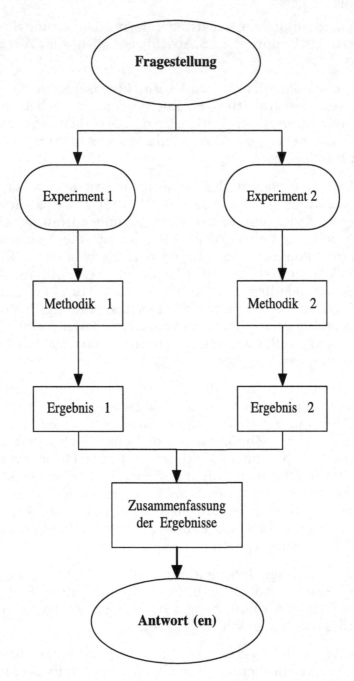

Abb. 4.2. Beispiel einer komplexeren Vortragsgliederung, die erklärt werden muss und am besten mit einer Gliederungsfolie dargestellt wird

Fragestellung und deren Beantwortung nicht ausreicht. Dieser **alternative Vortragsaufbau** kann auch geeignet sein, die Aufmerksamkeit der Zuhörer zu steigern, wenn das Ergebnis einer Studie dem bisherigen Wissen widerspricht und daher für die Zuhörer überraschend und spannend ist.

Die **Übergänge zwischen den einzelnen Abschnitten** des Vortrages müssen fließend sein. Sie müssen die Logik, die der Reihung der Abschnitte zugrunde liegt, erkennen lassen. Der Zuhörer muss wissen, wann ein Abschnittswechsel stattfindet. Das erreichen Sie am besten bildlich durch Verwendung von Folientiteln und sprachlich durch Verwendung von Schlüsselwörtern (z. B. „wir haben bei dieser oder jener Messung herausgefunden", um ein Ergebnis zu signalisieren, oder „abschließend", um die letzten Sätze des Vortrages anzukündigen).

Die **Verwendung und Wiederholung derselben Fachbegriffe** erleichtert außerdem die Orientierung der Zuhörer.

4.4 Zeitabstimmung

Folgende Situation ist bei wissenschaftlichen Tagungen immer wieder zu beobachten.

Der Vortragende hat die vorgegebene Redezeit bereits überschritten, befindet sich aber noch inmitten des Hauptteiles seines Vortrages. Er setzt seine Ausführungen unbekümmert fort, denn er ist sich sicher, dass die Bedeutung seiner Arbeit eine Zeitüberschreitung rechtfertigt. Schließlich hat er ja so viele interessante Folien vorbereitet, die er noch unbedingt zeigen muss. Der Vorsitzende blickt nervös auf die Uhr und sorgt sich um den weiteren Ablauf der Sitzung. Der nächste Redner wird sichtlich ungeduldig, und im Saal macht sich allmählich Unruhe breit. Nachdem der Vortragende nun die Redezeit maßlos überschritten hat, wird er vom Vorsitzenden mehr oder weniger höflich gebeten, zum Ende seiner Ausführungen zu kommen. Der Vortragende gerät dadurch aus dem Konzept und beginnt, die verbliebenen Folien hastig zu überfliegen. Die meisten Zuhörer haben spätestens jetzt abgeschaltet, ihre Aufmerksamkeit gilt höchstens dem sich zwischen dem Vorsitzenden und dem Vortragenden entwickelnden Drama. Doch der Vortragende ist endlich bei seiner Abschlussfolie angelangt. Noch bevor er mit Brachialgewalt vom Podium entfernt werden muss, stammelt er einige abschließende Sätze. Er beendet womöglich den Vortrag mit der Bemerkung, dass die ihm zugestandene Zeit nicht ausreichend war. Die Kernaussage seines Vortrages hat kaum einer der im Saal Anwesenden mitbekommen.

Eine Überschreitung der Redezeit bedeutet das sichere Torpedieren jedes auch sonst rhetorisch und inhaltlich guten Vortrages. Gerade die wesentliche Information, die im Abschlussteil mitgeteilt wird, geht dabei unter. Eine deutliche Zeitüberschreitung ist nicht nur unklug, sie ist ein Diebstahl der Zeit der nachkommenden Vortragenden und bringt den Zeitplan der Sitzung, bei Tagungen mit aufeinander abgestimmten Parallelveranstaltungen sogar den gesamten Tagungsablauf, durcheinander.

Diese für alle Beteiligten unangenehme Situation ist durch Zeitabstimmung in der Vorbereitungsphase gänzlich vermeidbar. **Beim Üben eines klassischen Frontalvortrages** (mit Diskussion am Ende) können Sie die benötigte Redezeit ziemlich genau einschätzen.

– Messen Sie unter vortragsähnlichen Bedingungen und unter Einbeziehung der audiovisuellen Hilfsmittel die Zeit, die Sie für den Gesamtvortrag und für die einzelnen Vortragsabschnitte benötigen. Erklären Sie dabei die Folien vollständig, ähnlich wie im Vortrag.

– Tragen Sie die gemessenen Zeiten, wie in Kapitel 2 (Abschnitt 2.2.1.3) geschildert, in das Vortragsmanuskript ein. Damit wissen Sie genau, wie lange Sie für jeden Abschnitt des Vortrages brauchen.

– Bauen Sie einen Zeitpuffer ein. Die beim Üben gemessene Gesamtzeit sollte die vom Veranstalter vorgegebene Redezeit um etwa 10% unterschreiten. Während des Vortrages wird nämlich als Reaktion auf die fragenden Blicke der Zuhörer mehr Zeit für die Erklärung des einen oder anderen Punktes verwendet. Es wurde außerdem noch niemandem übel genommen, dass er die Redezeit unterschritten hat, solange seine Ausführungen verständlich waren.

– Lassen Sie weniger wichtige Punkte und Folien weg, bis Sie die Sollzeit (Vortragszeit minus 10%) erreichen.

– Keinesfalls dürfen Sie versuchen, durch schnelles Sprechen Zeit aufzuholen, sonst laufen Sie Gefahr, nicht verstanden zu werden.

- Die oft empfohlene Sprechgeschwindigkeit von 120 Wörtern pro Minute ist nur als Richtwert zu verstehen, der abhängig von Ihrer natürlichen Sprechweise ist und individuellen Schwankungen unterliegt.

Schwieriger ist die Zeitabstimmung, **wenn Diskussionsfragen während des Vortrages** gestellt werden. Hier müssen Sie Flexibilität aufweisen und auf Wunsch der Zuhörer bereit sein, einen Punkt länger zu besprechen und dafür einen anderen Punkt kürzer zu behandeln. Sie müssen aber die Kontrolle über die Diskussion behalten (siehe Abschnitt 5.4.4), damit Ihnen genügend Zeit bleibt, die wesentliche Information zu vermitteln.

Durch **Üben des Vortrages** wird die zur Verfügung stehende Redezeit effizient genutzt. Die Rede wird flüssiger, wenn die Gedanken im Voraus gefasst worden sind, die Schlüsselbegriffe gegenwärtig sind und eine logische Kommentierung der Folien überlegt worden ist. Je kürzer die Vortragszeit, umso präziser muss die Vorbereitung sein und umso mehr muss jedes Wort sitzen.

Beim Üben sowie beim realen Vortrag können Sie durch einen gelegentlichen **Blick auf die Uhr** die Einhaltung des Zeitplanes überprüfen. Das ist vor allem bei längeren Vorträgen empfehlenswert, da bei diesen das Zeitgefühl leicht entgleiten kann.

Bereits in der Vorbereitungsphase müssen Sie eine **eventuelle Kürzung des Vortrages einplanen.** Vor allem beim Hauptvortrag kann es vorkommen, dass der Vorsitzende aus organisatorischen Gründen Sie in letzter Minute bittet, den Vortrag zu kürzen (zum Beispiel, weil die Vorredner ihre Redezeit überschritten haben!).

- Mit einem entsprechend vorbereiteten Manuskript (siehe Abschnitt 2.2.1.3) können Sie eine solche Kürzung rasch und ohne Beeinträchtigung des logischen Aufbaus des Vortrages vornehmen. Sie streichen von rechts nach links so viele Neben- bzw. Unterpunkte im Manuskript (Abb. 2.1), bis die neu vorgegebene Vortragszeit erreicht wird.

- Die Einleitung und der Abschluss des Vortrages bleiben ungekürzt.

- Die Entfernung der nach der Kürzung unnötig gewordenen Folien gelingt bei der Overheadprojektion leicht. Schwieriger ist es, die Folien einer Computerpräsentation und Diapositive in letzter Minute herauszunehmen. Wenn die Zeit dafür nicht ausreicht, müssen Sie diese Folien während des Vortrages überspringen. Um dadurch nicht den Eindruck einer schlechten Vorbereitung zu erwecken, bitten Sie den Vorsitzenden, auf die in letzter Minute erforderlich gewordene Kürzung der Vortragsdauer bei der Ankündigung Ihres Vortrages hinzuweisen. Wenn Sie selbst die Zuhörer auf diesen Umstand hinweisen, kann das von manchen als Entschuldigung für etwaige Schwächen des Vortrages interpretiert werden.

4.5 Vorbereitung der visuellen Hilfsmittel

Eine sorgfältige Vorbereitung der visuellen Hilfsmittel ist für den Erfolg des Vortrages von großer Bedeutung. Sie nimmt viel Zeit in Anspruch. Der Vortragende muss sich frühzeitig überlegen, welche audiovisuellen Medien er verwenden wird, wie er seine Folien gestalten wird und wie viele Folien er für den Vortrag braucht.

Bei der **Wahl des audiovisuellen Mediums** ist es wichtig, sich im Vorhinein zu erkundigen, welche Geräte vom Veranstalter zur Verfügung gestellt werden. (Ist ein Overheadprojektor im Saal vorhanden? Ist eine Diaprojektion zugelassen?). Ferner müssen Sie die Größe und Form des Vortragssaales, die Anzahl der Teilnehmer und die Art der zu vermittelnden Information bei der Wahl des Mediums berücksichtigen. Die Vor- und Nachteile der einzelnen audiovisuellen Medien sind im Kapitel 3 (Abschnitt 3.2, Seite 56 ff.) dargestellt. Wenn Sie eine Kombination mehrerer audiovisueller Medien planen, dann ist es empfehlenswert, dass Sie bereits in der Vorbereitungsphase mit dem für den Vortragssaal zuständigen Techniker Kontakt aufnehmen. Gerätewechsel und etwaige Anpassungen der Saalbeleuchtung müssen gut abgestimmt werden, um unnötige Leerläufe zu vermeiden.

Überlegen Sie sich die **Anzahl der Folien**, die Sie für den Vortrag benötigen. Es gibt diesbezüglich keine allgemein gültigen Richtlinien, da es keine ideale Projektionsdauer einer Folie gibt. Abhängig von deren Inhalt und Komplexität benötigen Folien eine unterschiedlich lange Projektionszeit, damit sie von den Zuhörern erfasst werden. Am besten ist es, die Zeit, die Sie für die Erklärung einer Folie benötigen, zu messen. Dabei dürfen Sie nicht außer Acht lassen, dass Sie die Bedeutung jedes Striches Ihrer Folien kennen. Der Zuhörer, der die Folie zum ersten Mal sieht, benötigt deutlich mehr Zeit, um diese zu erfassen. Berechnen Sie daher die Projektionszeit einer Folie großzügig. Bedenken Sie, dass Sie eine zu große Anzahl an Folien in Zeitdruck bringt. Dadurch sprechen Sie unbewusst schneller, und Ihre Ausführungen werden schwerer verstanden.

Es ist wichtig, die **Folien unter vortragsähnlichen Bedingungen zu testen**. Damit können Sie den Kontrast der Farbkombinationen, die Leserlichkeit des Textes und die Auflösung der Bilder überprüfen. Stellen Sie beim Test den Projektor in einer ausreichend großen Entfernung zur Leinwand auf und dunkeln Sie den Raum nicht vollständig ab.

Schließlich müssen die vortragsfertigen Folien entsprechend „verpackt" werden.

– Bei der computerunterstützten Projektion werden, wenn nicht der eigene Computer verwendet wird, die Vortragsdatei, etwaige Videos und ungewöhnliche Schriftarten auf einen Datenträger im selben Ordner gespeichert (CD, USB-Speicher, DVD, usw.).

– Geben Sie dem Ordner und den darin enthaltenen Dateien einen Namen, der Ihren Namen und gegebenenfalls den Titel des Vortrages eindeutig erkennen lässt. Dadurch werden Verwechslungen durch die Projektionsmannschaft verhindert.

– Ordnen Sie Diapositive selbst in das Magazin ein, und überprüfen Sie ihre richtige Lage (siehe Abschnitt 3.2.2).

– Nummerieren Sie Overheadfolien und Handouts, und prüfen Sie deren Vollständigkeit.

4.6 Das Üben des Vortrages

Jeder erstmals gehaltene wissenschaftliche Vortrag muss vor dem Auftritt geübt werden. Durch das Üben wirken Ihre Ausführungen rund und ungezwungen.

– Fachbegriffe werden geistig aktuell verfügbar gehalten (aktiver Wortschatz).

– Allgemein verständliche Umschreibungen von wissenschaftlichem Jargon werden zurechtgelegt.

– Die benötigte Redezeit wird genau eingeschätzt.

– Sie gelangen zur Überzeugung, dass Sie den Vortrag beherrschen, und senken damit Ihre Nervosität und die Auswirkungen des Lampenfiebers.

Übungstechnik

Zunächst machen Sie sich mit dem Manuskript und den Folien vertraut.

Ein Blick ins Manuskript muss genügen, um den nächsten Punkt der Rede zu erfassen. Lesen Sie die Einleitung und den Abschluss des Vortrages mehrmals durch, und lernen Sie die ersten Sätze der Einleitung und die letzten des Abschlusses auswendig. Damit stellen Sie sicher, dass Sie diese wichtigen Stellen des Vortrages trotz etwaiger Nervosität deutlich vermitteln können.

Überlegen Sie genau, was Sie zu jeder Folie sagen müssen, um diese effizient zu erklären. Es ist günstig, sich die Reihenfolge der Folien einzuprägen, um die nächste Folie anzukündigen, bevor sie projiziert wird. Dadurch vermeiden Sie, dass Sie bei jedem Folienwechsel eine Pause einlegen, um sich damit den Inhalt der neu auf der Leinwand erscheinenden Folie zu vergegenwärtigen. Dadurch wirkt der Vortrag weniger durch die Folienwechsel zerhackt.

Versuchen Sie beim Üben, die **reale Situation des Vortrages** so weit wie möglich nachzuahmen.

– Setzen Sie beim Probevortrag die audiovisuellen Hilfen ein.

– Verwenden Sie einen Lichtzeiger, um dessen effiziente Anwendung zu üben.

– Achten Sie während des Übens auf lautes und vor allem verständliches Sprechen, insbesondere dann, wenn beim eigentlichen Vortrag kein Mikrofon zur Verfügung steht.

– Messen Sie die Redezeit bei jedem Probedurchgang.

Vermeiden Sie ein **Übertraining**, sonst wirkt der Vortrag maschinell und ohne Spontaneität. Üben Sie nur so lange, bis Sie das Gefühl haben, den Vortrag zu beherrschen, die Worte ohne Schwierigkeit zu finden und die vorgegebene Redezeit einhalten zu können.

Gelegentlich kann das **Üben mit einem Partner, mit Tonaufzeichnung oder besser unter dem Einsatz einer Videokamera** sinnvoll sein, um den Vortragsstil zu überprüfen. Sie können damit Ihre Sprache, Stimme und Körperhaltung sowie Ihren Blickkontakt zum (noch fiktiven) Publikum kritisch analysieren.

Kapitel 5
Die Phasen des Vortrages

Ein wissenschaftlicher Vortrag erzählt eine Geschichte, deren Handlungsablauf sich meist um die wissenschaftliche Fragestellung dreht. In der Einleitungsphase wird jene Frage, die am Anfang der Arbeit stand, gestellt. Im Hauptteil wird über die zur Beantwortung der Frage angewandten Methoden und deren Ergebnisse berichtet. Im Abschluss wird die anfangs gestellte Frage beantwortet. In der Diskussionsphase wird über die Antwort reflektiert und deren Bedeutung erörtert.

Jeder Vortrag hat **prominente Phasen**, in denen die Aufmerksamkeit des Publikums besonders hoch ist.

– In der **Einleitungsphase** sind die Zuhörer frisch und auf die Aussagen und das Auftreten des Vortragenden neugierig.

– Zum **Abschluss des Vortrages** hin steigt die Aufmerksamkeit in Erwartung der Quintessenz der Ausführungen.

– Prominente Stellen des Hauptteils des Vortrages sind vor allem die **Anfänge neuer Abschnitte**, weil sie jenen Zuhörern, die mit den Gedanken kurz abgeschweift sind oder die vorigen Abschnitte nicht verstanden haben, eine Möglichkeit zum Wiedereinstieg bieten.

Nützen Sie prominente Phasen für die Mitteilung wichtiger Inhalte. Vergeuden Sie diese nicht für sekundäre Informationen wie Begrüßungsfloskeln oder langatmige Literaturzitate.

5.1 Einleitung

Die **Funktionen** der Einleitung sind:

– Das Heranführen der Zuhörer an das Thema des Vortrages.
– Die Erklärung der dcr wissenschaftlichen Arbeit zugrunde liegenden Fragestellung.

– Das Wecken der Neugier der Zuhörer auf die weiteren Abschnitte des Vortrages.

Der **Aufbau** der Einleitung muss einer für die Zuhörer leicht
nachvollziehbaren Logik folgen. Die Fragestellung steht im
Mittelpunkt. Jeder im Saal muss verstehen, warum die wissenschaftliche Arbeit durchgeführt wurde.

Der **klassische Aufbau** der Einleitung einer experimentellen
Studie beginnt mit der Darlegung des bisherigen Standes des
Wissens. Danach wird ein Punkt eingebracht, der sich der wissenschaftlichen Kenntnis entzieht oder im Widerspruch zum bis jetzt
Bekannten steht. Daraus ergibt sich zwangsläufig die Fragestellung
der Arbeit. Dann kann der methodische Ansatz zur Beantwortung
der gestellten Frage kurz skizziert werden. Schließlich werden
die Zuhörer über die Gliederung des Hauptteiles des Vortrages in-
formiert. Die Frage selbst wird erst am Ende des Hauptteiles des
Vortrages bei der Präsentation der Ergebnisse oder im Abschluss
beantwortet. Das heißt, durch die in der Einleitung gestellte Frage
wird die Neugier der Zuhörer geweckt und erst gegen Ende des
Vortrages befriedigt. Auf diese Weise wird Ihre Rede spannend gestaltet.

Gelegentlich sind **Abweichungen** von diesem klassischen Aufbau
sinnvoll. Bei Kurzvorträgen, wenn die Zeit nicht ausreicht, um
den Vortrag in der Form einer spannenden Geschichte aufzubauen,
kann die Beantwortung der Frage bereits in der Einleitung erfolgen.
Unabhängig von der Vortragsdauer können auch die Ergebnisse
der Arbeit so interessant sein, dass durch deren Erwähnung am
Beginn des Vortrages die Aufmerksamkeit der Zuhörer erhöht
wird. Sollten Sie die Ergebnisse bereits in Ihrer Einleitung darstellen wollen, dann müssen diese leicht verständlich zusammengefasst dargeboten werden. Details sind zu diesem Zeitpunkt
Ihres Vortrages fehl am Platz, weil sie sonst die Zuhörer, die in
Unkenntnis des Hauptteiles des Vortrages noch nicht darauf vorbereitet worden sind, überfordern.

Es ist wichtig, den Vortrag allgemein verständlich und interessant
einzuleiten.

Wie oben erwähnt ist die Einleitung eine Phase des Vortrages, in
der das Publikum im Allgemeinen besonders aufnahmefähig ist.
Gleich am Anfang entscheiden die Zuhörer unbewusst, ob sie mit
ganzer Konzentration den Ausführungen des Vortragenden folgen

werden oder nicht. Wenn die Zuhörer zu Beginn des Vortrages abschalten, wird es sehr schwer sein, ihre Aufmerksamkeit zu einem
späteren Zeitpunkt zurückzugewinnen.

Zur Verbesserung der Verständlichkeit muss die Sprache einfach
sein. Fachbegriffe sind so weit wie möglich zu meiden. Eine solche
Vereinfachung erleichtert den nicht bewanderten Zuhörern den
Einstieg in das Thema und gibt den Spezialisten die Gelegenheit,
sich sozusagen „warm zu laufen".

Ein wissenschaftlicher Vortrag dient zwar der sachlichen Informationsvermittlung, muss aber keinesfalls trocken und langweilig
sein. Der beste Weg, die Zuhörer wach zu halten, ist, ihr **Interesse
zu wecken**. Das Neue, das Besondere der mitgeteilten Information
muss deutlich gesagt werden. Der Vortragende darf nicht erwarten, dass die Zuhörer von alleine darauf kommen. Die Bedeutung
des Gesagten für die Zuhörer, ihr Leben und ihre Arbeit muss klar
erkennbar sein. Falls das Thema des Vortrages einen Bezug zu aktuellen Ereignissen hat, dann muss dieser erwähnt werden (z. B.,
wenn über ein Virus berichtet wird, das vor kurzem eine Epidemie
verursacht hat).

Die **Länge der Einleitung** richtet sich nach dem Fachwissen des
Publikums und der Komplexität des Themas. Es dauert länger, ein
Laienpublikum an ein komplexes Thema heranzuführen, als einer
Gruppe von Fachleuten eine einfache Fragestellung zu erklären.
Die Einleitung muss jedenfalls unter Erfüllung ihrer oben genann-
ten Funktionen so kurz wie möglich gehalten werden. Eine zu lan-
ge Einleitung langweilt die Zuhörer und vermittelt den Eindruck,
dass der Vortragende nichts zu berichten hat.

5.1.1 Die Begrüßung und die ersten Sätze

Der **erste Eindruck**, den Sie als Vortragender hinterlassen, ist
wichtig. Innerhalb der ersten 30 bis 60 Sekunden nach Ihrem
Erscheinen hinter dem Rednerpult entscheiden die Zuhörer, ob sie
etwas Interessantes vom Vortrag zu erwarten haben. Nützen Sie
daher diese Zeit, um die Aufmerksamkeit des Publikums für Ihr
Thema zu gewinnen:

– Bevor Sie anfangen zu sprechen, legen Sie eine kurze **rhetorische Pause** ein. Schauen Sie dabei das Publikum mit freundli-

cher Miene an. Warten Sie so lange, bis sich die Unruhe im Saal
gelegt hat und die Blicke der Zuhörer auf Sie gerichtet sind.
– Halten Sie Ihre **Begrüßung kurz**.

Bei einem Kurzvortrag kann die Begrüßung gänzlich entfallen und
sofort mit dem Vortrag begonnen werden. In diesem Fall wird niemand die Floskel „Sehr geehrte Vorsitzende, sehr geehrte Damen
und Herren" vermissen.

Anders ist es, wenn Sie als Vortragender vom Vorsitzenden mit persönlichen Worten begrüßt worden sind. Hier ist es unumgänglich,
sich zumindest zu bedanken, bevor Sie mit dem Vortrag beginnen.
Noch besser ist es, kurz auf die Begrüßungsworte des Vorsitzenden
einzugehen. Beim Hauptvortrag können Sie auch das Eis brechen,
indem Sie auf eine besondere Beziehung zum Veranstalter, zu dem
Publikum oder dem Veranstaltungsort hinweisen (z. B. eine ört-
liche Universität, an der Sie studiert oder gelehrt haben; eine Stadt,
in der Sie gelebt haben; oder ähnliche Bezugspunkte). Holen Sie
aber nicht zu weit aus und vergessen Sie nicht, dass Sie einen wissenschaftlichen Vortrag und keine Gesellschaftsrede halten sollen.

– Sprechen Sie bald das **Thema des Vortrages** an. Verwenden Sie
  dabei die Schlüsselwörter der Titelfolie, um einen Konnex zwischen dem Gesagten und Gezeigten herzustellen.

– Wecken Sie gleich am Anfang das **Interesse des Publikums**.
  Weisen Sie auf das Neue, das Bedeutende hin. Mit einer rhetorischen Frage oder einer provozierenden Behauptung, die allerdings im Laufe des Vortrages untermauert werden muss, kann
  das Publikum aufgerüttelt werden.

Häufige Fehler

– In ihrer Anfangsnervosität fangen manche Vortragende mit
  dem Sprechen an, bevor sie das Podium erreicht haben beziehungsweise während sie sich mit den Bedienungsknöpfen des
  Projektors und des Lichtzeigers vertraut machen. Atmen Sie
  tief ein, und zwingen Sie sich zu einer rhetorischen Pause,
  auch wenn diese Ihnen – und auch nur Ihnen – endlos lang erscheinen mag.

– Den Vortrag mit dem Interesse abtötenden Satz „Das erste Bild
  bitte!" zu beginnen, verrät mangelnde rhetorische Fähigkeiten.
  Gelegentlich ist das der einzige frei gesprochene Satz.

Die Zuhörer warten gespannt auf Ihre ersten Worte; machen Sie sich diesen Umstand zunutze, und fangen Sie mit gut vorbereiteten einleitenden Sätzen an. „Das erste Bild" können Sie danach verlangen, wenn dieses nicht ohnehin automatisch auf der Leinwand erscheint.

– Manche Vortragende vergeuden die prominente Phase der Einleitung mit einer Dankesrede an den Veranstalter. Wenn Sie sich beim Veranstalter für die Einladung bedanken wollen, dann tragen Sie zum Erfolg der Veranstaltung bei, indem Sie einen guten Vortrag halten und das Programm nicht durch Überschreitung der vorgegebenen Redezeit durcheinander bringen.

– Die Titelfolie wird oft nur für die Dauer von wenigen Sekunden projiziert und dann hastig gewechselt. Es macht keinen guten Eindruck, den Vortrag mit einer Folie zu beginnen, die zu kurz projiziert wird. Wenn Sie eine Titelfolie verwenden, dann geben Sie den Zuhörern die Gelegenheit, diese auch zu lesen. Lesen Sie aber den Inhalt der Folie nicht herunter, und langweilen Sie Ihre Zuhörer nicht durch das Aufzählen der am Zustandekommen der wissenschaftlichen Arbeit beteiligten Kollegen und Institutionen.

5.1.2 Hintergrundinformation

Wie viel Information ist erforderlich, um die Zuhörer in das Thema des Vortrages einzuführen?

Das hängt zum einen vom **Wissenstand des Publikums** ab. Je weniger die Zuhörer mit dem Thema vertraut sind, umso mehr müssen Sie in der Einleitung ausholen, um sicher zu gehen, dass alle im Saal Anwesenden verstehen, worüber Sie sprechen werden.

Die Bedeutung des Themas muss für alle Anwesenden klar ersichtlich sein. Überschätzen Sie die Vorkenntnisse des Publikums nicht. Meist haben sich nur wenige mit dem Thema so intensiv auseinander gesetzt wie Sie. Passen Sie bei einem inhomogenen Publikum Ihre Erklärungen den Zuhörern mit dem geringeren Wissensstand an.

Zum anderen sind bei einer Sitzung mit mehreren Vorträgen die **Themen der Vorredner** zu berücksichtigen. Wenn Sie am Ende einer Sitzung mit thematisch ähnlichen Vorträgen sprechen, können Sie davon ausgehen, dass die Zuhörer bereits mehrmals in das Thema eingeführt worden sind. Holen Sie in einem solchen Fall nicht zu weit aus, um das Publikum nicht mit bereits Gehörtem zu langweilen.

Geben Sie keinen zu langen historischen Rückblick. Wer lange über die Ergebnisse anderer berichtet, weckt den Eindruck, dass er keine eigenen hat.

Erwähnen Sie nur jene Hintergrundinformation, die für das Verständnis des Themas relevant ist. Stellen Sie dabei die Wissenschaft und nicht die Wissenschaftler in den Vordergrund, und zitieren Sie die Namen anderer Autoren nur dann, wenn ihnen eine große Bedeutung zukommt.

Es versteht sich von selbst, dass es unethisch ist zu verschweigen, dass andere Wissenschaftler die gleiche oder eine sehr ähnliche Arbeit veröffentlicht haben. Der Vortragende mag vorübergehend den Zuhörern die Neuheit der eigenen Ergebnisse vortäuschen. Dies fliegt aber früher oder später auf, und sein wissenschaftlicher Ruf erleidet großen Schaden.

5.1.3 Die Orientierung der Zuhörer

Auf einer Bergtour ermüdet die Gruppe rasch, wenn ihr der Führer die Route nicht bekannt gibt. Ähnlich verhält es sich beim Vortrag. Anders als in einer Publikation haben die Zuhörer keine Möglichkeit, den Vortrag zu überblicken, Überschriften und Absätze zu erkennen. Wenn Sie wollen, dass die Zuhörer Ihren Ausführungen aufmerksam folgen, dann erklären Sie ihnen den Aufbau des Vortrages, und zeigen Sie ihnen laufend, an welchem Teil des Vortrages Sie sich gerade befinden.

Die Orientierung der Zuhörer beginnt mit einer **klar gestellten wissenschaftlichen Frage**. Deren Beantwortung steht im Mittelpunkt der Ausführungen und ist der rote Faden, der sich durch den gesamten Vortrag hindurchzieht.

Am Ende der Einleitung wird dann der **Aufbau des Vortrages** bekannt gegeben. Bei einem komplexen Aufbau (z. B. mehr als eine Fragestellung) ist die Veranschaulichung der Organisation des Hauptteiles mit Hilfe einer Gliederungsfolie erforderlich (Abb. 3.25). Am Beginn jedes Abschnittes des Hauptteiles kann dann die

Gliederungsfolie erneut eingeblendet werden, um den Zuhörern zu zeigen, an welcher Etappe des Vortrages der Vortragende gerade angelangt ist.

5.2 Hauptteil

Die **Funktionen** des Hauptteiles sind:

- Die **Beschreibung der Methoden**, die zur Beantwortung der in der Einleitung gestellten Frage angewandt wurden.
- Die **Darstellung der Ergebnisse** und der Daten, auf die sie sich stützen.
- Die **Beantwortung der Frage** anhand der Ergebnisse.

Der Hauptteil ist eine Phase, in der das Publikum häufig überfordert und gelangweilt wirkt. Um das zu vermeiden, müssen die Ausführungen **klar organisiert**, **verständlich**, **übersichtlich** und **wissenschaftlich glaubwürdig** sein.

5.2.1 Organisation

Die Organisation des Hauptteiles eines wissenschaftlichen Vortrages kann verschiedene Formen annehmen. Die angewandten Methoden werden meist chronologisch aufgezählt. Die Ergebnisse können entweder in chronologischer Reihenfolge oder in der Reihenfolge ihrer Bedeutung wiedergegeben werden. Wichtig ist lediglich, dass die dem Aufbau zugrunde liegende Logik nachvollziehbar ist. Die Zuhörer dürfen nicht den Eindruck haben, dass die Abschnitte des Hauptteils wahllos aneinander gereiht sind. Sie müssen erkennen, wie jeder Abschnitt in den Aufbau des Vortrages hineinpasst.

Machen Sie die Organisation des Hauptteiles leicht erkennbar:

- Geben Sie die **Gliederung** des Hauptteiles am Ende der Einleitung bekannt. Verwenden Sie bei längeren oder komplexen Vorträgen eine Gliederungsfolie (siehe Abschnitt 3.3.2.2.2).

- **Signalisieren** Sie den Beginn eines neuen Abschnittes,
    - durch erneute Einblendung der Gliederungsfolie oder eines symbolhaften Bildes aus dieser Folie,
    - durch eine kurze Sprechpause,
    - durch eine Änderung des Tonfalls,

- durch Wiederholung der bei der Bekanntgabe der Gliederung verwendeten Schlüsselwörter,
- oder erforderlichenfalls, indem Sie einfach sagen, dass Sie jetzt mit einem neuen Abschnitt beginnen.

– Verwenden Sie zwischen den Abschnitten **Überleitungen**, die auf den Gesamtzusammenhang hinweisen. Auf diese Weise werden die Abschnitte des Hauptteils nicht nur der Reihe nach behandelt, sondern wie Puzzleteile zu einem Bild zusammengefügt.

5.2.2 Verständlichkeit

Ein guter wissenschaftlicher Vortrag ist klar und verständlich. Nur wenn der Vortragende verstanden wird, wird er auch geschätzt. Manche Vortragende versuchen, durch Verkomplizierung die Schwächen ihrer wissenschaftlichen Arbeit zu verdecken. Andere meinen, dass ein wissenschaftlicher Vortrag aufgrund seines bedeutsamen Inhaltes komplex sein muss. Doch ein nicht verstandener Vortrag führt sich selbst ad absurdum.

Haben Sie **keine Angst vor Vereinfachung**. Nur wer ein Thema gut beherrscht, ist in der Lage, es einfach zu erklären. Verwenden Sie eine Sprache, die von allen Zuhörern verstanden wird, auch von solchen, die mit dem Thema weniger bewandert sind. Die Spezialisten im Saal werden den Fachjargon nicht vermissen.

Schlüsselwörter sind wichtig für das Verständnis des Vortrages. Wiederholen Sie die Schlüsselwörter, statt sie durch Synonyme zu ersetzen. Es fällt niemandem unangenehm auf, wenn Begriffe mehrmals verwendet werden.

Vermeiden Sie Abkürzungen, außer wenn diese allgemein bekannt sind (z. B. AIDS).

Überspringen Sie keine Erklärungen. Die Zuhörer haben sich nicht so intensiv mit dem Thema Ihrer Arbeit beschäftigt wie Sie. Für sie mag es nicht so offensichtlich sein, warum Sie eine bestimmte wissenschaftliche Methode gewählt haben, oder warum ein Ergebnis für die Beantwortung der Frage wichtig ist.

Daten sind keine Ergebnisse. Erst durch die Interpretation des Vortragenden werden Daten zu Ergebnissen (z. B.: Daten = der Mittelwert des Blutdruckes war vor der Behandlung 180/100 mmHg, nach der Behandlung 150/90 mmHg; Ergebnis = der Mittelwert des Blutdruckes wurde durch die Behandlung von 180/100 mmHg auf 150/90 mmHg *gesenkt*). Wenn Sie ein Diagramm erklären, dann sagen Sie den Zuhörern, worauf sie achten sollen. (Sagen Sie statt „Sie sehen, wie sich die Radioaktivität im Verlauf der Zeit verhält" „Sie sehen, wie die Radioaktivität im Verlauf der Zeit *steigt*".) Werfen Sie den Zuhörern keine rohen Zahlen in der Erwartung hin, dass sie diese während der kurzen Dauer des Vortrages richtig analysieren. Berichten Sie stattdessen über *Ergebnisse*, und belegen Sie diese durch Daten.

Sagen Sie deutlich, was an Ihren Ergebnissen **neu oder interessant** ist. Erwarten Sie nicht, dass die mit Informationen überfluteten Zuhörer von alleine daraufkommen.

Verwenden Sie **Beispiele**, um abstrakte Inhalte zu verdeutlichen und interessant zu machen.

Verwenden Sie **Zeichnungen**, um komplexe Methoden einfach darzustellen. Geben Sie bei der Darstellung der Ergebnisse Diagrammen den Vorzug vor Tabellen.

5.2.3 Übersichtlichkeit

Der Hauptteil ist jene Phase des Vortrages, in der die Zuhörer häufig mit undifferenzierten Einzelheiten überschüttet werden und den Überblick verlieren. „Es geht aber um den Wald und nicht um die Bäume". Anders als eine Publikation kann ein Vortrag die angewandten wissenschaftlichen Methoden nicht so detailliert beschreiben, um andere Forscher in die Lage zu versetzen, ein Experiment zu wiederholen.

Zentrieren Sie Ihre Ausführungen um die in der Einleitung gestellte Frage. Berichten Sie nur über jene Ergebnisse, die für die Beantwortung dieser Frage und die daraus abgeleiteten Schlussfolgerungen erforderlich sind. Erwähnen Sie nur jene Daten, die für die Erklärung dieser Ergebnisse und den Nachweis ihrer Validität von Bedeutung sind. Schildern Sie nur jene Methoden, die für die Gewinnung dieser Daten angewandt wurden. Auf diese Weise werden die Frage und deren Beantwortung zum zentralen Punkt, um den sich die Ausführungen des Vortragenden drehen.

Wie viele **Details** den Zuhörern zugemutet werden können, hängt von deren Fachkundigkeit ab. Bedenken Sie, dass sogar Spezialisten durch zu viele Informationen verwirrt werden können. Nur die wichtigen Details dürfen auf den Folien erscheinen. Komplexe, weniger wichtige Details und komplexe Tabellen gehören in den Abstraktband oder in ein Handout.

Geben Sie kurz unaufmerksam gewordenen Hörern die **Möglichkeit, in den Vortrag wieder einzusteigen:**

– Am Ende jedes Abschnittes fassen Sie dessen Inhalt mit ein bis zwei Sätzen zusammen.

– Leiten Sie jeden neu begonnenen Abschnitt allgemein ein, und erklären Sie, wie er sich in das Gefüge des Vortrages einpasst.

– Wenn Sie eine Gliederungsfolie am Ende der Einleitung gezeigt haben, zeigen Sie diese erneut am Beginn jedes Abschnittes. Heben Sie auf der Folie den aktuellen Abschnitt farblich oder durch Fettschrift hervor.

– Betonen Sie wichtige Punkte, indem Sie diese wiederholen, auf die Leinwand projizieren und am Beginn eines Abschnittes (= prominente Stelle des Hauptteils) erwähnen.

5.2.4 Wissenschaftliche Glaubwürdigkeit

Damit das Publikum den Vortrag *würdigt*, muss dessen Inhalt glaubwürdig sein.

Je mehr die Arbeit wissenschaftliches Neuland betritt und je mehr die Ergebnisse dem bisher Bekannten widersprechen, umso mehr Überzeugungsarbeit muss der Vortragende leisten.

– Argumentieren Sie mit einer leicht **nachvollziehbaren Logik**. Erklären Sie, warum Sie glauben, dass die angewandten Methoden geeignet sind, um die Frage zu beantworten, und warum die von den Ergebnissen abgeleiteten Schlussfolgerungen gerechtfertigt sind.

– **Belegen Sie jedes Ergebnis** durch Daten. Falls die Datenmenge zu groß ist, benützen Sie ein Handout, und weisen Sie während des Vortrages darauf hin.

– Stellen Sie Ihre Daten **statistisch korrekt** dar, und geben Sie bei den Ergebnissen die Irrtumswahrscheinlichkeit (Signifikanzniveau) an. Sie können auch die angewandten statistischen Tests erwähnen. Beschränken Sie sich aber bitte auf eine kurze

Zusammenfassung. Bei einem Vortrag erhalten die Zuhörer ohnehin selten ausreichend Einblick in die Daten, um zu beurteilen, ob das richtige statistische Verfahren gewählt wurde. Sie müssen in diesem Punkt dem Vortragenden einfach vertrauen.

– Erwähnen Sie auch jene Ergebnisse, die Ihrer Hypothese widersprechen, und versuchen Sie, diese zu erklären. Falls Sie keine Erklärung dafür haben, sagen Sie es.

– Weisen Sie auf etwaige **methodische Schwächen** der Arbeit hin. Machen Sie aber Ihre Ergebnisse nicht zunichte, und sagen Sie im Anschluss an die Eigenkritik, warum Sie trotzdem glauben, dass die Arbeit wertvoll ist. (Sonst würden Sie den Vortrag ja nicht halten!)

– Sagen Sie deutlich, welche **Erkenntnisse und Gedanken von anderen Autoren** stammen. Das fordert die wissenschaftliche Ethik und erspart Ihnen unangenehme Wortmeldungen in der Diskussionsphase.

– Wenn Sie ein Produkt auswerten, weisen Sie auf das Bestehen oder das Fehlen von **finanziellen Interessen** hin.

5.3 Abschluss

Der Ausklang des Vortrages ist ebenso wichtig wie dessen Anfang. Wenn Sie die Ziellinie vor Augen haben, raffen sich die Zuhörer dazu auf, ein letztes Mal genau hinzuhören. Diese letzten Sätze werden sie auch am ehesten in Erinnerung behalten.

5.3.1 Ankündigung

Um den Aufmerksamkeitsbonus des Publikums am Abschluss des Vortrages ausnützen zu können, muss der Vortragende deutlich ankündigen, dass er am Ende seiner Ausführungen angelangt ist. Es muss jeder im Saal erkennen, dass der letzte Abschnitt des Vortrages erreicht worden ist.

Der Abschluss wird signalisiert:

– verbal (z. B. „abschließend" oder „ich fasse am Schluss zusammen"),

– visuell mit einer deutlich gekennzeichneten Abschlussfolie (z. B. mit der Überschrift „Zusammenfassung" oder „Schlussfolgerungen").

Nachdem Sie den Abschluss angekündigt haben, beenden Sie tatsächlich Ihren Vortrag mit wenigen Sätzen. Manche Vortragende benützen dieses rhetorische Mittel, um den Vorsitzenden zu beschwichtigen und die vorgegebene Vortragszeit zu überschreiten. Die Aufmerksamkeit der Zuhörer lässt aber rasch nach, wenn der Vortragende ein paar Minuten nach Ankündigung des Abschlusses weiterspricht und nicht zu einem Ende kommt. Beweisen Sie daher Entschlossenheit, und beenden Sie Ihren Vortrag, solange die Aufmerksamkeit der Zuhörer Ihren Ausführungen und nicht der Uhr gilt.

5.3.2 Inhalt

Der Abschluss gibt die **Quintessenz des Vortrages** wieder. Das Wichtige wird mit knappen Worten unter Wiederholung der Schlüsselwörter zusammengefasst. Das Gesagte wird besser im Gedächtnis verankert, wenn es mit einer sorgfältig gestalteten Abschlussfolie visuell unterstützt wird (siehe Abschnitt 3.3.2.2.3).

– Der Abschluss gibt die Antwort auf die in der Einleitung gestellte Frage. Es können auch mehrere Fragen und mehrere Antworten sein. Beachten Sie, dass die Antwort meist nicht mit dem Ergebnis gleichzusetzen ist. Sie ist vielmehr eine auf dem Ergebnis basierende Verallgemeinerung.

– Falls die Fragen bereits im Hauptteil des Vortrages beantwortet worden sind, werden am Schluss die Antworten zusammengefasst.

– Im Abschluss wird auch auf die Bedeutung der Arbeit und auf mögliche praktische Anwendungen hingewiesen.

– Es kann auch erwähnt werden, wie die Arbeit sich in das bisherige Wissen einordnet und welche neuen Fragen sie aufwirft.

– Beachten Sie, dass die Ankündigung weiterer Arbeiten im Abschluss des Vortrages die Bedeutung des soeben Vorgetragenen relativiert. Bemerkungen wie „weitere Arbeiten sind erforderlich" oder „wir sind dabei, diesen Punkt weiter zu erforschen" geben den Zuhörern den Eindruck, dass der Vortrag nur ein Zwischenbericht war und dass die wichtigen Ergebnisse noch ausständig sind.

5.3.3 Die allerletzten Worte

Nachdem Sie Ihre Ausführungen beendet haben, müssen Sie dem Publikum signalisieren, dass Sie mit Ihrem Vortrag fertig sind. Das gelingt am elegantesten, indem der letzte Satz mit einem abnehmenden Tonfall ausgesprochen wird, gefolgt von einer Pause und eventuell einem kurzen Kopfnicken.

Wenn die obigen Signale versagen und der Beifall ausbleibt, ist gegen ein schlichtes „Dankeschön" nicht viel einzuwenden. Abgedroschene Floskeln wie „Vielen Dank für Ihre Aufmerksamkeit" oder „Vielen Dank für Ihre Geduld" sind weniger gut geeignet. Letztendlich kann davon ausgegangen werden, dass die meisten Anwesenden den Vortrag gerne gehört haben und nicht bloß über sich ergehen lassen mussten.

5.4 Diskussion

An den wissenschaftlichen Vortrag schließt oftmals eine Diskussionsphase an, die eine direkte Interaktion zwischen dem Vortragenden und dem Publikum ermöglicht. Diese Phase bereitet vor allem dem unerfahrenen Vortragenden Sorgen.

5.4.1 Die Bedeutung der Diskussion

Die Diskussion ist ein wertvoller und integraler Bestandteil des wissenschaftlichen Vortrages. In ihr wird der Inhalt des Vortrages durch die Zuhörer evaluiert, ähnlich einem **„Peer review"** (Begutachtung durch Fachkollegen) bei einer wissenschaftlichen Publikation. Die Diskussion kann für das Publikum ebenso informativ sein wie die vorgetragene Materie. In Verkennung dieser Tatsache neigen leider einige Tagungsveranstalter dazu, die Diskussionszeit kurz zu halten, um eine größere Anzahl von Vorträgen im Kongressprogramm unterzubringen.

Funktionen der Diskussion

Die Diskussion kann für das Publikum und den Vortragenden gleichermaßen nützlich sein.

- **Unklarheiten werden beseitigt.** Dadurch können die Zuhörer den Inhalt des Vortrages besser verstehen, und der Vortragende wird auf Undeutlichkeiten seiner Ausführungen aufmerksam.

– Durch eine fundierte Kritik einzelner Zuhörer kann das gesamte Publikum die **Arbeit besser beurteilen.** Der Vortragende selbst wird auf Schwächen seiner wissenschaftlichen Methodik oder seiner Argumentation hingewiesen. Möglicherweise können diese Schwächen vor einer geplanten Publikation beseitigt werden.

– Durch die Kommentare der Zuhörer findet ein **Ideenaustausch** statt. Der Vortragende wird auf neue Perspektiven seiner Arbeit aufmerksam gemacht.

– Durch ein Aufeinanderprallen verschiedener Meinungen wird der Vortrag **aus verschiedenen Gesichtspunkten erörtert.** Aus diesem Grund sind Podiumsdiskussionen bei wissenschaftlichen Tagungen besonders beliebt.

5.4.2 Einstellung des Vortragenden zur Diskussion

Bei vielen Vortragenden bereitet die Diskussion Unbehagen. Sie befürchten, durch die Fragen öffentlich blamiert zu werden. Doch diese Angst ist meist unbegründet.

Niemand erwartet von Ihnen, dass Sie alles zu einem Thema wissen. Sie befinden sich nicht in einer Prüfungssituation, sondern präsentieren lediglich die Ergebnisse Ihrer wissenschaftlichen Arbeit. Das damit in Zusammenhang stehende Fachwissen besitzen Sie ja, weil Sie sich länger mit Ihrer Arbeit und der damit in Zusammenhang stehenden Literatur beschäftigt haben.

Sie müssen sich auch nicht auf Biegen oder Brechen behaupten. Wenn Sie von der Richtigkeit Ihrer Aussagen überzeugt sind, dann erklären Sie, warum Sie glauben, dass Sie im Recht sind. Wenn ein Zuhörer hingegen zu Recht auf eine Schwäche Ihrer Arbeit hinweist, dann geben Sie diese einfach zu – es geht schließlich um die Wissenschaft und nicht um Ihre eigene Person. Ein solches Eingeständnis tut Ihrem Ansehen keinen Abbruch, sondern zeugt von Selbstsicherheit.

Wie oben geschildert, erfüllt die Diskussion eine wichtige Funktion im wissenschaftlichen Vortrag. Versuchen Sie daher nicht, ihr aus dem Weg zu gehen (z. B. indem Sie die Redezeit bewusst überschreiten oder indem Sie durch langatmige Antworten die Anzahl der Fragen auf einem Minimum halten). Freuen Sie sich stattdessen auf die Rückmeldung des Publikums.

5.4.3 Vorbereitung der Diskussion

Eine gute Vorbereitung hilft, die Nervosität des Vortragenden in der Diskussionsphase zu reduzieren.

Vor dem Vortrag

Lesen Sie die **rezente Literatur** zum Thema Ihres Vortrages durch, damit Sie am letzten Stand des Wissens sind. Möglicherweise ist kurz vor dem Vortragstermin eine relevante Publikation erschienen.

Versuchen Sie, die **Fragen der Zuhörer vorauszuahnen**, und bereiten Sie sich darauf vor.

– Wenn Sie Ihr Publikum und dessen Interessen kennen, gelingt es Ihnen, einige Fragen und Einwände zu erraten.

– Wenn der Vorsitzende oder einer der anderen Vortragenden bereits über das Thema publiziert hat, dann können Sie damit rechnen, dass er aus der Perspektive seiner Publikation(en) Ihren Vortrag kommentieren wird.

– Je mehr die Ergebnisse Ihrer Arbeit im Widerspruch zum bisher Bekannten stehen, umso mehr müssen Sie mit Einwänden rechnen.

Legen Sie sich klare knappe Antworten auf potenzielle Fragen zurecht. Für die überzeugende Beantwortung wichtiger Fragen können Sie Folien vorbereiten und nach Zustimmung des Vorsitzenden in der Diskussionsphase einblenden. Fassen Sie sich aber kurz, halten Sie keinen zweiten Vortrag!

Während des Vortrages

Durch Beachtung bestimmter Punkte während des Vortrages können Sie die Diskussion im Voraus entschärfen.

– Stützen Sie Ihre Ergebnisse und Schlussfolgerungen mit Daten.

– Wenn Sie am Ende des Vortrages Spekulationen anstellen, dann machen Sie das für die Zuhörer deutlich erkenntlich (z. B. „Wir haben derzeit keine Daten, um diese Behauptung zu belegen, aber wir nehmen an, dass ...").

– Grenzen Sie Ihre Arbeit vom Beitrag anderer Autoren ab.
  Vermitteln Sie niemals den Eindruck, dass Sie sich mit fremden Federn schmücken.

– Weisen Sie auf methodische Schwächen Ihrer Arbeit hin, statt
  diese zu vertuschen. Sagen Sie aber gleich dazu, warum Sie Ihre
  Arbeit trotzdem für wertvoll halten.

– Wenn Ihre Ergebnisse im Widerspruch zu anderen Publikationen stehen, versuchen Sie, diesen Umstand logisch zu erklären.
  Sollten Sie keine Erklärung dafür haben, dann sagen Sie es.

5.4.4 Zeitpunkt der Diskussion

Bei den meisten wissenschaftlichen Veranstaltungen findet die
Diskussion am Ende des Vortrages statt. Bei Kurzvorträgen und
bei Veranstaltungen mit einer größeren Zahl von Teilnehmern
sind Zwischenfragen während des Vortrages organisatorisch kaum
vorstellbar.

**Was machen Sie, wenn trotzdem Zuhörer den Vortrag unterbre-
chen, um unaufgefordert zu diskutieren?**

– Wenn es sich um eine Verständnisfrage handelt (z. B. die Frage
  nach der Bedeutung einer Abkürzung oder eines Begriffes),
  dann beantworten Sie diese. Wahrscheinlich werden nicht nur
  der Fragesteller, sondern auch andere Zuhörer durch die Beantwortung der Frage Ihren Ausführungen besser folgen können.

– Bei anderen Fragen und Bemerkungen, die Ihrer Meinung nach
  nicht gerechtfertigt sind, weisen Sie höflich auf die vorgesehene Diskussion am Ende des Vortrages hin. Versprechen Sie, auf
  Fragen, die bis Ende des Vortrages unbeantwortet bleiben, während der anschließenden Diskussion einzugehen.

Diese Vorgangsweise ist erforderlich, um die vorgegebene Vortragszeit einzuhalten. Sie müssen außerdem als Vortragender auf
die anderen Zuhörer, die an dem Rest Ihrer Ausführungen interessiert sind, Rücksicht nehmen.

Eine geplante **Diskussion während des Vortrages** erfordert mehr
Flexibilität. Sie müssen bereit sein, auf Wunsch der Zuhörer den einen oder anderen Punkt länger als geplant zu behandeln. Dadurch
könnte die Kürzung oder Streichung anderer Punkte erforderlich
werden, um die Vortragszeit einzuhalten.

- Wenn eine Frage einen Punkt betrifft, den Sie später im Vortrag behandeln werden, sagen Sie dem Diskutanten, dass Sie auf seine Frage später im Laufe des Vortrages eingehen werden.

- Wenn derselbe Zuhörer durch wiederholte Zwischenfragen und Bemerkungen den Fluss des Vortrages stört, vertrösten Sie ihn auf eine anschließende Diskussion.

5.4.5 Diskussionstechnik

Allgemeine Richtlinien für die Diskussion

- Hören Sie den Fragen der Zuhörer konzentriert zu. Unterbrechen Sie nicht, auch wenn Sie zu wissen glauben, worauf der Fragende hinauswill. Das Publikum weiß es vielleicht nicht!

- Legen Sie eine kurze Pause ein, bevor Sie die Frage beantworten. Sie gewinnen dadurch Zeit zum Nachdenken, und Ihre Antworten wirken überlegt.

- Geben Sie kurze, präzise formulierte Antworten. Durch langatmige Antworten nimmt der Vortragende den anderen Diskutanten die Möglichkeit, ihre Fragen zu stellen.

- Vermeiden Sie Floskeln wie:
  • „Das ist eine gute Frage." – Waren etwa die anderen Fragen schlecht? Es ist nicht Ihre Aufgabe, die Fragen zu beurteilen.
  • „Die Zeit reicht nicht aus um ...". Sie erwecken den Eindruck, dass Sie die Frage nicht beantworten können und die knappe Zeit als Ausrede benützen.
  • „In meinen Händen", abgeleitet aus dem Englischen „in my hands". Das wirkt großtuerisch und unwissenschaftlich.

- Erteilen Sie in Anwesenheit eines Vorsitzenden nicht das Wort an einen Diskutanten. Der Vorsitzende hat die Aufgabe, die Sitzung zu leiten, Sie haben die Aufgabe, die Fragen zu beantworten.

- Verlassen Sie niemals die sachliche Ebene. Die Diskussion dient nicht dem verbalen Schlagabtausch, sondern der Auseinandersetzung mit dem wissenschaftlichen Inhalt des Vortrages.

Verhalten bei bestimmten Wortmeldungen

Verständnisfragen

Wenn ein Zuhörer etwas nicht verstanden hat, dann nehmen Sie seine Frage ernst, auch wenn Sie meinen, dass Sie diese bereits im Vortrag beantwortet haben. Durch arrogante Bemerkungen wie „Sie haben offensichtlich nicht aufgepasst" verliert der Vortragende die Sympathie des Publikums. Es kann ja durchaus sein, dass seine Ausführungen nicht verständlich genug waren und dass sich viele Zuhörer die gleiche Frage gestellt haben.

Hinweise

Da die Zuhörer die wissenschaftliche Arbeit aus einer anderen Perspektive sehen, können ihre Hinweise für den Vortragenden wertvoll sein. Hören Sie daher aufmerksam zu, und bedanken Sie sich für etwaige gute Ideen und Vorschläge.

Sie müssen aber nicht auf jeden Kommentar eingehen. Leeres Geschwätz oder Hinweise, die keinen Zusammenhang zum Thema aufweisen, werden nicht beantwortet.

Manche Diskutanten haben einen ungebremsten Rededrang, und ihr Kommentar ufert zu einem Vortrag (Koreferat) aus. Wenn kein Vorsitzender die Sitzung leitet, müssen Sie den Diskutanten unterbrechen und ihn auffordern, zum Punkt zu kommen.

Unverständliche Fragen

Wenn Sie eine Frage aufgrund der Aussprache oder der Formulierung des Diskutanten nicht verstanden haben, bitten Sie ihn, diese zu wiederholen. Wenn Sie die Frage weiterhin nur teilweise verstehen, wiederholen Sie jenen Teil, den Sie verstanden haben, und beantworten Sie diesen. Wenn Sie die Frage überhaupt nicht verstehen können, bitten Sie den Vorsitzenden, die Frage auf eine für Sie verständliche Weise zu formulieren.

Kritik

Eine sachlich vorgebrachte Kritik an der wissenschaftlichen Arbeit muss ernst genommen werden. Falls der Einwand auf eine tatsächliche Schwäche der Methodik oder Argumentation hinweist, dann akzeptieren Sie ihn. Sie müssen keine unhaltbaren Positionen verteidigen.

Wenn die Kritik aber Ihrer Meinung nach unberechtigt ist, lehnen Sie diese mit logischen Argumenten ab, und sagen Sie, warum Sie glauben, dass Ihre Arbeit wissenschaftlich korrekt ist.

Schwierige Fragen

Wenn Ihnen die Beantwortung einer Frage schwer fällt, versuchen Sie, Zeit zum Nachdenken zu gewinnen, indem Sie eine kurze Pause einlegen und die Frage wiederholen (paraphrasieren). Verwenden Sie bei der Wiederholung Ihr eigenes Vokabular, das könnte Ihnen auf die Sprünge helfen.

- Steht die Frage im Zusammenhang mit dem Thema Ihres Vortrages? Wenn nicht, weisen Sie auf diese Tatsache hin.

- Kann die Frage mit den Daten Ihrer Studie nicht beantwortet werden? Wenn nicht, sagen Sie es.

- Wenn Ihnen keine Antwort einfällt und Sie die für die Beantwortung erforderlichen Unterlagen nicht zur Hand haben, dann versprechen Sie, die Antwort später zu geben, und halten Sie Ihr Versprechen ein.

- Wenn die Frage mit dem derzeitigen Wissensstand von niemandem beantwortet werden kann, sagen Sie es. Das Wissen um die Grenzen eines Gebietes weist Sie als Fachmann aus.

Unterstellungen

Gelegentlich werden Ihnen Aussagen unterstellt, um Sie aufs Glatteis zu führen, oder weil der Diskutant nach einer Bestätigung seines Standpunktes sucht. Dabei werden Ihre Ausführungen zitiert, aber anders interpretiert.

Hören Sie aufmerksam zu, wenn jemand die Ergebnisse und Schlussfolgerungen Ihres Vortrages wiederholt, und korrigieren Sie alle untergeschobenen Behauptungen.

Hinweise auf die Literatur

Gelegentlich weist ein Diskutant auf Parallelen Ihrer Arbeit mit einer anderen publizierten Arbeit hin. Wenn Ihnen diese Publikation bekannt ist, gehen Sie kurz auf die Gemeinsamkeiten und Unterschiede ein. Wenn Sie die Arbeit nicht kennen, geben Sie es zu, sagen Sie, dass Sie für die Übermittlung einer Kopie der

angesprochenen Publikation dankbar wären, und wenden Sie sich
an den nächsten Diskutanten.

Hilfsbereite Diskutanten

Was tun Sie, wenn ein anderer Zuhörer (z. B. der eigene Vorgesetzte) sich veranlasst fühlt, die an Sie gestellten Fragen zu beantworten?

Lassen Sie es geschehen, wenn Sie der Antwort zustimmen und
auf dem jeweiligen Fachgebiet noch nicht sattelfest sind.

Wenn Sie sich hingegen in der Materie gut auskennen, lassen Sie
sich die inhaltliche Kontrolle über die Diskussion nicht aus der
Hand nehmen. Beweisen Sie Ihre Fachkompetenz, und behalten
Sie das letzte Wort, indem Sie die Ausführungen des hilfsbereiten
Diskutanten ergänzen, erforderlichenfalls korrigieren oder ihnen
einfach nur zustimmen.

Provozierende Aussagen

Leider gibt es auch da oder dort missgünstige Zuhörer, die ohne
stichhaltige Argumentation und mit abwertenden Bemerkungen
(wie „Ich glaub Ihnen das nicht" oder „Ich habe kein Wort verstanden") versuchen, die Arbeit des Vortragenden schlecht zu machen. Lassen Sie sich nicht provozieren, und bleiben Sie sachlich.
Wiederholen Sie kurz Ihre wissenschaftliche Argumentation. Mit
einer solchen Antwort bleibt Ihnen die Sympathie des Publikums
gewiss.

Kapitel 6
Der Tag des Vortrages

Sie befinden sich bereits am Vortragsort. Sie haben Ihre Vorbereitungen rechtzeitig abgeschlossen, die letzte Nacht gut geschlafen und vor Ihrem Auftritt eine leichte Mahlzeit zu sich genommen. Ihre Gedanken sind schon gänzlich auf den Vortrag gerichtet.

Bevor Sie aber auf dem Podium stehen, gibt es einige Verhaltensrichtlinien, die Sie beachten sollten, um ärgerlichen Zwischenfällen vorzubeugen, Ihre Nervosität zu senken und die Auswirkungen des Lampenfiebers in Grenzen zu halten.

6.1 Abgabe der visuellen Hilfsmittel

Bei größeren Tagungen werden die Datenträger und Diapositive einem Projektionstechniker übergeben. **Geben Sie Ihre visuellen Hilfsmittel rechtzeitig ab** und widerstehen Sie dem Drang, die Folien in letzter Minute zu ändern! Die tausend Verbesserungsmöglichkeiten, die Ihnen plötzlich einfallen, bringen Sie nur aus dem Konzept und sind mit großer Wahrscheinlichkeit allesamt unnötig.

Bei der Abgabe haben die Vortragenden oft die Möglichkeit, ihre Folien in einem eigenen Raum und im Beisein eines Projektionstechnikers durchzusehen. Nützen Sie diese Möglichkeit, um zu prüfen, ob die Dias richtig im Magazin eingereiht sind oder ob die vom Veranstalter verwendete Software die in Ihrer Präsentation verwendeten Schriftarten, Animationen und Videosequenzen richtig wiedergibt. Probleme durch Software-Inkompatibilitäten können, zumal sie rechtzeitig erkannt werden, noch behoben werden.

Bei dieser Gelegenheit können Sie den Techniker fragen:

- Ob die erste Folie auf Verlangen des Vortragenden oder automatisch projiziert wird.

- Ist ein Lichtzeiger vorhanden, oder ist es vorgesehen, mit der Computermaus zu zeigen?

- Wie kann man eine Folie zurückblättern?

- Gibt es bei Doppelprojektionen die Möglichkeit, die Projektoren einzeln zu bedienen?

- Wenn keine Bedienungsknöpfe für das Betätigen des Projektors durch den Vortragenden vorhanden sind, können Sie eventuell mit dem Techniker ein optisches Signal vereinbaren (zum Beispiel Hand heben oder Zeigen auf eine bestimmte Ecke der Leinwand), um das Kommando für das Einblenden der nächsten Folie zu geben. Das ständige Wiederholen von „das nächste Bild bitte" unterbricht den Redefluss.

6.2 Vertraut machen mit der Saaltechnik

Bei Tagungen ist immer wieder zu beobachten, dass Vortragende die wertvollen ersten Sekunden ihres Auftrittes verschwenden, um sich mit dem Lichtzeiger und den Bedienungsknöpfen am Rednerpult vertraut zu machen. Eine kurze **Prüfung der Saaltechnik vor Beginn der Sitzung** spart Zeit und verhindert unangenehme Überraschungen während des Vortrages.

Vor allem bei kleineren Veranstaltungen, bei denen Sie selbst den Projektor aufstellen müssen, ist es wichtig, rechtzeitig im Vortragssaal anwesend zu sein, um die technischen Vorbereitungen vor der Ankunft der Zuhörer abzuschließen.

Geräte

Wenn Ihnen kein Projektionstechniker zur Seite steht:

- Überprüfen Sie, ob der Projektor einwandfrei funktioniert und günstig zur Leinwand positioniert ist.

- Wenn keine Fernbedienung vorhanden ist, überprüfen Sie, ob die Kabellänge ausreicht, um den Projektor von der Nähe der Leinwand aus zu bedienen. Wenn die Kabel nicht lang genug sind, können Sie einen der Zuschauer bitten, den Projektor für Sie zu bedienen. Verzichten Sie keinesfalls auf den Blickkontakt zu den Zuhörern, indem Sie im hinteren Saalbereich stehen!

– Um die Zuschauer nicht abzulenken, entfernen Sie alle visuellen Hilfsmittel, die bei früheren Vorträgen verwendet wurden. Wischen Sie die Wandtafel ab, und achten Sie darauf, dass das erste Blatt des Flipcharts unbeschriftet ist.

– Überprüfen Sie, ob die vorhandenen Filzstifte gut schreiben.

Rednerpult

Das Rednerpult ist oft klobig, unergonomisch und schlecht platziert. Stellen Sie sich vor dem Beginn der Sitzung probeweise hinter das Rednerpult.

– Ist die **Pulthöhe** passend, oder verschwindet der Vortragende vollständig dahinter? Beachten Sie bei Computerpräsentationen, dass nach Aufklappen des Notebook-Bildschirmes die Sicht zum Publikum zusätzlich verstellt wird.

– Ermöglicht die **Position des Pultes** einen ungehinderten Blick auf die Leinwand? Gelegentlich lässt es sich leicht in eine günstigere Position verschieben.

– Ist die **Tischplatte** des Pultes groß genug für die Ablage Ihrer Unterlagen, oder müssen Sie das Manuskript tragen? Ist sie ausreichend beleuchtet?

– **Verwenden Sie das Pult *nicht*, falls dessen Höhe oder Position ungeeignet sind!** Auch wenn das Mikrofon und die Bedienungsknöpfe des Projektors am Rednerpult fix montiert sind, können Sie sich neben das Pult stellen.

Mikrofon

– Ein **stationäres Mikrofon** zwingt Sie, während des gesamten Vortrages an einer Stelle zu verharren. Verzichten Sie trotzdem nur bei kleinen Vortragssälen mit günstiger Akustik auf dessen Verwendung.

– Es gibt keinen Grund, auf ein **tragbares Mikrofon** zu verzichten. Vor allem dann, wenn dieses an der Kleidung befestigt wird und die Hände frei lässt.

Bedienungsknöpfe

Informieren Sie sich rechtzeitig vor dem Beginn des Vortrages über die Funktion der Bedienungsknöpfe!

– Wie wird die nächste Folie abgerufen?
– Wie wird zur vorigen Folie zurückgeblättert?
– Wenn kein Techniker zur Verfügung steht, müssen Sie sich auch mit der Bedienung der Lichtschalter und der Raumverdunkelung vertraut machen.

Lichtzeiger

Es ist für die Zuhörer besonders unangenehm, wenn der Vortragende verzweifelt versucht, den Laserpointer zum Funktionieren zu bringen, und dabei fuchtelnd in ihre Richtung zeigt. Diese befinden sich in ständiger Duckbereitschaft, um vom Lichtstrahl nicht geblendet zu werden.

– Machen Sie sich mit der Bedienung des Lichtzeigers vor Beginn der Sitzung vertraut! Zeigen Sie dabei auf den Boden oder auf die Leinwand.

– Bei der computerunterstützten Projektion erkundigen Sie sich, ob das Zeigen mit der Computermaus oder mit einem Lichtzeiger erfolgen soll. Diese Frage ist zum Beispiel bei Live-Übertragungen im Internet relevant.

– Wenn Sie bei Großveranstaltungen Ihren eigenen Laserpointer benützen, überprüfen Sie vorher, ob dessen Lichtstärke für das Erkennen des Lichtpunktes aus der hintersten Sitzreihe ausreicht!

Zeitkontrolle

Vor allem bei Hauptvorträgen kann Ihnen das Zeitgefühl entgleiten.

– Überprüfen Sie, ob eine Wanduhr vorhanden ist und ob diese vom Rednerpult aus leicht zu sehen ist! Erforderlichenfalls kann die eigene Armbanduhr am Rednerpult aufgestellt werden, um unauffällig konsultiert zu werden.

– Erkundigen Sie sich bei der computerunterstützten Projektion, ob das verwendete Präsentationsprogramm mittels einer am

Schirm eingeblendeten, für die Zuhörer unsichtbaren Uhr die Kontrolle der Redezeit ermöglicht.

6.3 Kontaktaufnahme mit dem Vorsitzenden

Melden Sie sich vor Beginn der Sitzung bei dem Sitzungsleiter (Vorsitzenden)! Er wird sich freuen zu wissen, dass Sie sich bereits am Vortragsort befinden. Falls er Sie nicht gekannt hat, wird er nach Ihrer Vorstellung wissen, ob er Sie mit „Frau" oder „Herr" ankündigen soll. In vielen Tagungsprogrammen wird lediglich der erste Buchstabe des Vornamens des Vortragenden gedruckt – eine für die korrekte Anrede notwendige geschlechtliche Zuordnung ist daher erst zum Zeitpunkt des persönlichen Kennenlernens möglich.

Bei dieser Gelegenheit haben Sie die Möglichkeit, Fragen zum Ablauf der Sitzung zu stellen (z. B. zum Diskussionsmodus oder zur geplanten Diskussionsdauer). Außerdem hilft Ihnen die Kontaktaufnahme mit dem Vorsitzenden, das Eis zu brechen, Ihre Nervosität zu senken und die Auswirkungen Ihres Lampenfiebers in Grenzen zu halten.

6.4 Lampenfieber

Selbst erfahrene Vortragende geben an, am Tage des Vortrages eine gewisse Unruhe zu verspüren. Die innere Spannung vor einem öffentlichen Auftritt ist normal und sogar erwünscht, weil sie die Konzentration des Vortragenden schärft. Das Lampenfieber darf aber nicht ein gewisses Ausmaß überschreiten und in unkontrollierte Nervosität ausarten.

6.4.1 Ursachen

Indem er als Einzelner einer größeren Gruppe von Menschen gegenübertritt, begibt sich der Vortragende in eine besonders exponierte Lage. Die Hauptursache des Lampenfiebers ist die Angst, öffentlich bloßgestellt zu werden.

Der Vortragende befürchtet, dass der Inhalt seines Vortrages oder seine Vortragstechnik den Anforderungen des Publikums nicht entsprechen. Hinzu kommt in der Diskussionsphase die Sorge, dass durch die Fragen und Bemerkungen der Zuhörer seine fachliche Kompetenz in Frage gestellt wird.

6.4.2 Gegenmaßnahmen

Auch wenn das Lampenfieber sich nicht vollständig unterdrücken lässt (das ist auch gut so), helfen bestimmte Maßnahmen, die Auswirkungen des Lampenfiebers unter Kontrolle zu halten.

- **Legen Sie sich die Latte nicht zu hoch.** Sie müssen lediglich die Ergebnisse Ihrer Arbeit verständlich präsentieren. Das Publikum erwartet nicht die beste Rede des Jahrzehnts. Es will Sie weder prüfen noch kompromittieren.

- **Bereiten Sie sich gut vor.** Das Publikum hat Verständnis, wenn Sie offensichtlich gut vorbereitet, aber nervös sind. Ein Vortragender, der hingegen schlecht vorbereitet ist und unzusammenhängend spricht, hinterlässt einen negativen Eindruck.

- **Üben Sie Ihren Vortrag ausreichend.** Das erhöht Ihr Selbstvertrauen.

- **Lernen Sie die ersten Sätze der Einleitung auswendig.** Die Aufregung ist am Anfang besonders groß und legt sich meist im Laufe des Vortrages. Wenn der Vortragende gleich in der Einleitung den Faden verliert, steigt seine Nervosität.

- Auch wenn Sie frei sprechen und Ihren Vortrag gut beherrschen, **halten Sie das Manuskript bereit und benützen Sie es.** Das gibt Ihnen die Sicherheit, dass Sie für ein mögliches Blackout besser gewappnet sind.

- **Machen Sie sich vor Ihrem Auftritt mit der Saaltechnik vertraut** (Bedienungsknöpfe des Projektors, Lichtzeiger, Beleuchtung, usw.). Dadurch haben Sie einen Unsicherheitsfaktor weniger.

- **Wechseln Sie vor dem Vortrag einige Worte mit dem Vorsitzenden und einigen Zuhörern.** Die anonyme Masse des Publikums wirkt weniger bedrohlich, wenn Menschen darunter sind, mit denen man sich vor kurzem freundlich unterhalten hat.

- **Vermeiden Sie während des Vortrages Behauptungen, die Sie nicht mit Daten unterstützen können.** Ein sicheres Auftreten ist nur bei fundierter wissenschaftlicher Argumentation möglich. Spekulationen sollten deutlich als solche erkenntlich gemacht werden.

6.5 Verhalten bei Pannen

Trotz sorgfältigster Vorbereitung ist kein Vortragender gegen Pannen gefeit. Das Zurechtlegen bestimmter Verhaltensstrategien hilft, im Ernstfall die Situation zu meistern.

6.5.1 Das Blackout

Der Stress des öffentlichen Auftrittes führt dazu, dass Vortragende den Faden leichter verlieren als bei anderen, meist gewohnten Anlässen. Das plötzliche Aussetzen des Erinnerungsvermögens kann einen einzelnen Begriff oder den gesamten restlichen Vortrag betreffen.

– Wenn Sie einen Satz nicht weiterführen können, weil Ihnen ein Wort nicht einfällt, dann unterbrechen Sie den Satz, und formulieren Sie ihn unter Umschreibung des entfallenen Wortes neu.

– Wenn Sie plötzlich merken, dass Sie vergessen haben, einen Punkt zu erwähnen, lassen Sie ihn einfach aus. Es wird kaum jemand im Saal merken, dass Sie etwas übersprungen haben. Sie können eventuell darauf zurückkommen, falls Ihnen der Punkt während des Vortrages wieder einfällt.

– Wenn Sie plötzlich nicht mehr wissen, was Sie als nächstes sagen sollen:
  • Wiederholen Sie (mit anderen Worten) das zuletzt Gesagte; ein Blackout dauert zum Glück meist nur kurz.
  • Lesen Sie im Manuskript nach.
  • Wenn Sie sich im Manuskript nicht zurechtfinden, besprechen Sie irgendeinen Punkt des Vortrages, an den Sie sich erinnern. Sie können den Vortrag in der richtigen Reihenfolge fortführen, sobald Sie den Faden wieder gefunden haben.
  • Wechseln Sie zur nächsten Folie. Visuelle Hilfsmittel sind die besten Stichwortlieferanten.

6.5.2 Technische Pannen

Kleine technische Pannen werden am besten ignoriert. Eine falsch eingereihte Folie, eine nicht startende Animation oder Newtonringe auf der Leinwand stören kaum den Ablauf des Vortrages.

Lassen Sie sich auch nicht irritieren, wenn sich bei einer Computerpräsentation eine Videosequenz nicht starten lässt. Weisen Sie kurz auf den Inhalt des nicht projizierten Videos hin und machen Sie mit dem Vortrag weiter.

Große Pannen, wie der Ausfall des Mikrofons bei einer größeren Anzahl von Teilnehmern oder des Projektors, erfordern eine Unterbrechung.

– Wenn die Sitzung von einem Vorsitzenden geleitet wird, hören Sie auf zu sprechen, und warten Sie auf seine Anweisungen. Er kann zum Beispiel die Kaffeepause vorziehen oder eine schnelle Reparatur des Gerätes veranlassen.

– Bei Vorträgen ohne Vorsitzenden müssen Sie entscheiden, ob versucht werden soll, die Panne zu beheben, oder ob Sie auf ein etwaiges Reservemedium (z. B. Overheadprojektor oder Handouts) ausweichen.

6.5.3 Andere Unterbrechungen

– Nicht alle Vortragsräume sind schalldicht gebaut. Wenn Sie durch ein Geräusch, zum Beispiel eines Flugzeuges, einer Eisenbahn oder Polizeisirene, unterbrochen werden, hören Sie auf zu sprechen und warten Sie, bis das Geräusch so leise geworden ist, dass Ihre Stimme im Saal wieder deutlich hörbar ist.

– Wenn Zuhörer während des Vortrages ungeplanterweise Fragen stellen, beantworten Sie diese kurz oder bitten Sie die Anwesenden, ihre Fragen bis zur vorgesehenen Diskussionszeit am Ende des Vortrages aufzuheben (siehe Abschnitt 5.4.4).

– Besonders unangenehm ist es, wenn der Vorsitzende Ihre Ausführungen unterbricht, um Sie auf das Ende der Redezeit hinzuweisen. In diesem Fall ist es zu spät für das Fortführen des Vortrages in gekürzter Fassung. Gehen Sie sofort zur Ab-

schlussfolie über, und beenden Sie den Vortrag mit wenigen
zusammenfassenden Sätzen.

6.5.4 Entschuldigungen

Entschuldigungen sind grundsätzlich nicht zweckmäßig. Sie weisen die Zuhörer auf Mängel hin, die ihnen möglicherweise a priori
nicht aufgefallen wären.

Ausreden für einen schlecht vorbereiteten Vortrag, unübersicht-
liche Tabellen oder Folien in einer nicht verständlichen Fremdsprache werden vom Publikum nicht mit Sympathie belohnt.
Solche Missstände muss der Vortragende vor seinem Auftritt beheben.

Literatur*

Alley M (2003) The Craft of Scientific Presentations. Critical Steps to Succeed and Critical Errors to Avoid. Berlin-Heidelberg-New York: Springer

Aristoteles (1993) Rhetorik. München

Aschersleben G (2002) Handlung und Wahrnehmung. Heidelberg: Spektrum Akademischer Verlag

Booth V (1993) Communicating in Science. Writing a Scientific Paper and Speaking at Scientific Meetings. Cambridge

Briscoe MH (1995) Preparing Scientific Illustrations. A Guide to Better Posters, Presentations, and Publications. Berlin-Heidelberg-New York: Springer

Bruce V, Green PR (1990) Visual Perception. Physiology, Psychology and Ecology. Hillsdale

Chavis DD, Concannon MJ, Croll GH, Puckett CL (1993) Computer-Generated Slide Graphics: An Exciting Advancement or a Problem? Plast Reconstr Surg 92(1): 91–96

Dalal MD, Daver BM (1996) Computer-Generated Slides: A Need to Curb our Enthusiasm. Br J Plast Surg 49(8): 568–571

Ebel HF, Bliefert C (1994) Vortragen in Naturwissenschaft, Technik und Medizin. Weinheim: VCH

Feuerbacher B (1998) Professionell präsentieren mit und ohne Computer. Moderne Vortragstechnik für Manager, Wissenschaftler und Ingenieure. Heidelberg: Sauer

Flechsig KH (1993) Katalog didaktischer Modelle. Göttingen

Fleischer G (1989) Dia-Vorträge: Planung, Gestaltung, Durchführung. Stuttgart

Franke H (1967) Manuskript und Vortrag. Stuttgart: Thieme

Hierhold E (2002) Sicher präsentieren – wirksamer vortragen. Redline Wirtschaft. Wien: Ueberreuter

Kebeck G (1994) Wahrnehmung. Theorien, Methoden und Forschungsergebnisse der Wahrnehmungspsychologie. Weinheim

Leopold-Wildgruber U, Schütze J (2001) Verfassen und vortragen. Berlin-Heidelberg-New York: Springer

Morrisey GL, Sechrest TL, Warman WB, Warman WS (1997) Loud and Clear: How to Prepare and Deliver Effective Business and Technical Presentations. Perseus Books Group

Müsseler J (2002) Visuelle Wahrnehmung. Allgemeine Psychologie. Heidelberg: Spektrum Akademischer Verlag

---

* Dieses Literaturverzeichnis stellt einen kleinen Auszug möglicher weiterführender und ergänzender Publikationen dar und erhebt keinen Anspruch auf Vollständigkeit.

Norm DIN 19.045-1 Projektion von Steh- und Laufbild – Teil 1: Projektions- und Betrachtungsbedingungen für alle Projektionsarten

O'Connor M (1991) Writing Successfully in Science. London

Ritter M (1986) Wahrnehmung und visuelles System. Heidelberg: Spektrum der Wissenschaft

Tucholsky K (1989) Sprache ist eine Waffe. Reinbek

Watzlawick P, Beavin JH, Jackson DD (1990) Menschliche Kommunikation: Formen, Störungen, Paradoxien. Bern

Weidenmann B (1988) Psychische Prozesse beim Verstehen von Bildern. Bern: Huber

Weidenmann B (1994) Informierende Bilder. Wissenserwerb mit Bildern. Bern: Huber

Weidenmann B (1991) Lernen mit Bildmedien. Weinheim: Beltz

Zeiger M (1991) Essentials of Writing Biomedical Research Papers. New York: McGraw-Hill

Sachverzeichnis

SpringerMedizin

Eckhard Beubler

Kompendium der Pharmakologie

Gebräuchliche Arzneimittel in der Praxis

2006. IX, 209 Seiten.
Broschiert **EUR 29,90**, sFr 51,–
ISBN 3-211-25535-4

Das sehr komplexe Fachgebiet der Pharmakologie wird in diesem Buch anschaulich und zudem auch leicht lesbar vermittelt. Nach einer kurzen Einleitung über pharmakodynamische und pharmakokinetische Grundlagen sowie über die wichtigsten Arzneiformen werden die heute in der allgemeinen Praxis wichtigen und häufig verwendeten Arzneimittel und Arzneimittelgruppen systematisch beschrieben.

Ausgehend von den Organsystemen werden Wirkungsmechanismus, Wirkungen, Nebenwirkungen, wichtige Wechselwirkungen und spezielle Ratschläge für Schwangerschaften und Stillzeit so knapp wie möglich ausgeführt. Jedem Kapitel sind dabei die gängigsten Arzneimittel auf einen Blick vorangestellt.

Das Buch liefert eine einfache Basisinformation für Studierende der Medizin und Pharmazie. Es ist sowohl Vademekum für den niedergelassenen Arzt, als auch Lehrbuch für das Studium der Pflegewissenschaften und als Nachschlagewerk für das Pflegepersonal im Krankenhaus und für die Hauskrankenpflege geeignet.

🐎 Springer Wien New York

P.O. Box 89, Sachsenplatz 4–6, 1201 Wien, Österreich, Fax +43.1.330 24 26, books@springer.at, **springer.at**
Haberstraße 7, 69126 Heidelberg, Deutschland, Fax +49.6221.345-4229, SDC-bookorder@springer.com, springeronline.com
P.O. Box 2485, Secaucus, NJ 07096-2485, USA, Fax +1.201.348-4505, service@springer-ny.com, springeronline.com
Preisänderungen und Irrtümer vorbehalten.

SpringerMedizin

Marcus Müllner

Erfolgreich wissenschaftlich arbeiten in der Klinik

Evidence Based Medicine

Zweite, überarbeitete und erweiterte Auflage.
2005. XVII, 279 Seiten. 31 Abbildungen.
Broschiert **EUR 44,80**, sFr 76,50
ISBN 3-211-21255-8

Dieses Buch liefert praxisbezogenes Wissen zur Planung, Durchführung und Interpretation von klinischen Studien und richtet sich an alle Personen, die eine wissenschaftliche Karriere beschreiten wollen oder an Evidence Based Medicine interessiert sind.

Dem Leser wird didaktisch eindrucksvoll vermittelt wie z.B. Studienprotokolle richtig erstellt werden, welche statistische Auswertung wofür verwendet wird oder wie wissenschaftliche Studien anderer kritisch gelesen oder hinterfragt werden können. Wichtige Fragen und Punkte werden dabei anhand von praxisrelevanten Beispielen ausführlich behandelt. Die zweite Auflage wurde völlig neu überarbeitet und mehrere neue Kapitel sind dazugekommen.

Unter anderem werden nun auch Analyse und Interpretation von Beobachtungsstudien, Good Clinical Practice, Messung von Lebensqualität, Randomisierungsformen (z.B. cross-over und faktorielles Design) und Wissenschaftstheorie beschrieben. Außerdem gibt es noch mehr anschauliche Fallstudien.

SpringerWienNewYork

P.O. Box 89, Sachsenplatz 4–6, 1201 Wien, Österreich, Fax +43.1.330 24 26, books@springer.at, **springer.at**
Haberstraße 7, 69126 Heidelberg, Deutschland, Fax +49.6221.345-4229, SDC-bookorder@springer.com, springeronline.com
P.O. Box 2485, Secaucus, NJ 07096-2485, USA, Fax +1.201.348-4505, service@springer-ny.com, springeronline.com
Preisänderungen und Irrtümer vorbehalten.

SpringerMedizin

Frank Elste

Marketing und Werbung in der Medizin

Erfolgreiche Strategien für Praxis, Klinik und Krankenhaus

2004. VIII, 372 Seiten. 87 zum Teil farbige Abbildungen.
Broschiert **EUR 46,–**, sFr 78,50
ISBN 3-211-83875-9

Marketing und Werbung sind längst zu einem unverzichtbaren Thema in der Medizin geworden. Mehr Patientenorientierung und steigender Wettbewerb lassen den Einsatz von modernen Marketingmaßnahmen in Arztpraxis und Krankenhaus zu einem wichtigen Instrument werden. Das Buch zeigt die Möglichkeiten von Marketing und Werbung in verständlicher Art und Weise auf. Dabei werden auch die Hintergründe der Werbeverbote und der Berufsordnung berücksichtigt. Auf häufige Fehler in werberechtlicher und gestalterischer Hinsicht wird hingewiesen.

Die praxisorientierte Darstellung ermöglicht Ärzten und Angestellten der Krankenhausführung eine schnelle Aufnahme aller wichtigen Informationen. Der Leser kann das erworbene Wissen unmittelbar umsetzen und die Beispiele sofort anwenden. Das Werk darf in keiner medizinischen Praxis und in keinem Krankenhaus fehlen. Auch Angehörige von Heilberufen, Betriebswirte und Werbefachleute finden in diesem Basiswerk viele neue Informationen.

SpringerWienNewYork

P.O. Box 89, Sachsenplatz 4–6, 1201 Wien, Österreich, Fax +43.1.330 24 26, books@springer.at, springer.at
Haberstraße 7, 69126 Heidelberg, Deutschland, Fax +49.6221.345-4229, orders@springer.de, springer.de
P.O. Box 2485, Secaucus, NJ 07096-2485, USA, Fax +1.201.348-4505, orders@springer-ny.com, springonline.com
Eastern Book Service, 3–13, Hongo 3-chome, Bunkyo-ku, Tokyo 113, Japan, Fax +81.3.38 18 08 64, orders@svt-ebs.co.jp
Preisänderungen und Irrtümer vorbehalten.

Springer und Umwelt